不畏惧，不逃避

你要的不是工作，而是事业

[加拿大] 拉里·史密斯（Larry Smith）◎ 著
徐娟 ◎ 译

NO FEARS NO EXCUSES

中信出版集团 · 北京

图书在版编目（CIP）数据

不畏惧，不逃避 /（加）拉里·史密斯著；徐娟译
. -- 北京：中信出版社，2018.9
书名原文：NO FEARS, NO EXCUSES
ISBN 978-7-5086-9216-6

I. ①不… II. ①拉… ②徐… III. ①成功心理－通俗读物 IV. ① B848.4-49

中国版本图书馆 CIP 数据核字（2018）第 153577 号

不畏惧，不逃避

著　　者：[加拿大] 拉里·史密斯
译　　者：徐　娟
出版发行：中信出版集团股份有限公司
（北京市朝阳区惠新东街甲 4 号富盛大厦 2 座　邮编　100029）
承 印 者：北京通州皇家印刷厂

开　　本：880mm×1230mm　1/32　　印　　张：8.75　　字　　数：188 千字
版　　次：2018 年 9 月第 1 版　　印　　次：2018 年 9 月第 1 次印刷
京权图字：01–2018–5867　　广告经营许可证：京朝工商广字第 8087 号
书　　号：ISBN 978–7–5086–9216–6
定　　价：49.00 元

谨以此书献给我的学生们，感谢他们教会了我很多，给予了我太多启发

目　录

序　言

我们在谈论爱情时经常会用到“激情”这个词，在说到工作时却鲜有提及。当你对工作充满激情时，你周一早上的心情和周六早上的心情并不会有多大不同。当你对工作充满激情时，你的工作场所便不再是一个束缚着你、迫使你急于赢得自由的牢笼，你的工作也不再只是谋生的一种手段。当你对工作充满激情时，你不会生硬地在工作时间和个人时间之间划分出界线，因为工作本身就是个人事务的一部分。当你对工作充满激情时，你的才能就有了发挥和提升的空间。

我相信，这种对工作的激情应该是每个人都可以获得的，无一例外。发现并拥有这种激情可能并不是件简单的事情，但是不管怎样，它还是可以获得的。等你读完这本书，你就会明白了。我为什么会如此自信呢？因为我曾见证成百上千具有不同背景、怀揣不同目标的人取得了巨大的成功，他们用的只是寥寥几个简单的技巧。

我在一所大学的核心部门工作，看过周遭太多才华被极度浪费的例子，并且像是被诅咒了一般，我一看就看了几十年。年轻的男孩女孩与我初相识时还只是学生，他们充满活力和动力，希望进行奇妙的冒险。他们有着惊人的想法和精辟的见解，那是我在他们那个年纪绝不会有的想法。他们可以让电脑或大提琴歌唱，可以凭直觉就解决那些我看都看不懂的数学问题，可以编出一个故事或设计一个从来没人见过的橱柜。他们的才华无疑是真正的才华。

不过，他们的这种才华还只是一种原始的才华。那种才华通常是稚嫩的、不完整的、未经打磨的，并且会因为被混乱地凑在一起而效果减弱。那种才华有时候会出现在一个衣冠不整的17岁少年的身上，有时候又会出现在一个仪态翩翩的27岁青年的身上；有时候那些有才华的人可能是他们家里唯一上过大学的人，有时候他们又可能来自教育背景很好的家庭；有时候你还可以在那些刚刚来到这个国度的人身上发现那种才华。不管怎样，只要你愿意去看，才华总是存在的。

我愿意去看。我观察着、等待着那些才华横溢的人用他们的愿景和努力去点燃他们选择的那个世界。

不幸的是，紧接着，他们就长大成人了，而他们的才华也消失殆尽。

我所遇到的那些成年人，不管是不是我以前的学生，通常都沦为了我们工蜂文化的俘虏。工蜂文化的规则很明确：叫你做什么你就做什么，从而得到报酬；平常工作就是为了周末生活，所以人们往往对周一充满恐惧；人们盼望着早点儿退休，又希望自己最后别对退休也心生恐惧；人们明白工作中的快乐或满足只是一种罕见的奖赏。

这种降低期望的流行病已经传染了许多人，也催生了一个共识：“我得现实点儿。”想想看，有多少人在酒吧里或餐桌旁结束自己的一天，不停地抱怨老板或者工作？又有多少人只是沮丧地坐在那里，沉默不语？

近些年，我的担心与日俱增，这甚至促使我在滑铁卢大学录制了一个 TEDx 演讲。我是一名职业顾问，在滑铁卢大学兼职经济学副教授。那次演讲的标题为“你为什么不能成就伟业”。我录制那个演讲并不是想传达什么让人沮丧的信息，相反，我曾展开过两万多个有关事业成功的对话，我只是想借这些对话，揭示我所经历的真相。（没错，我确实记录过并数过我的对话。我是个经济学家，我喜欢数据。）在那个 TEDx 视频里，我重复了那些普遍的、常见的借口，那些借口我听过太多遍了。我想，或许那个视频能刺激一些人采取行动吧！

事实证明，有数百万人观看了那个视频，而我的担心也进一步加剧了。因为很显然，有太多的人正面临找到一项通向成功的事业所带来的挑战，其数量之多超出我的预期。有些人观看视频是因为他们觉得自己需要那种演讲标题中所传达的强烈的激情；另一些人则是因为他们坚信那个演讲的标题是错的，想要搞清楚为什么会那么说。不管是出于什么原因，海量的电子邮件涌向我：有的表达感激，有的表达伤心，有的表达愤怒，有的表达好奇，有的表达疑虑，有的表达绝望，还有的表达困惑不解。发来邮件的有家长、青少年、教育工作者、老年人、大学生、刚毕业的学生、中年人士，还有博士，而且男女都有。这些邮件来自世界各地：加拿大、美国、墨西哥、英国、法国、丹麦、葡萄牙、俄罗斯、克罗地亚、希腊、土耳其，还有印度。

有些人从我的话语中找到了灵感，有些人找到了反对的理由，还有些人则找出了更多的借口。许多人希望得到更多的指导，而我不得不思考我是否真的还有更多的指导可以提供给他们。事业是你一生的工作，它太重要了，仅靠推测其未来发展是远远不够的。所以，出于三个原因，我决定写下这本书作为回应。

第一，尽管障碍重重，我还是见证过许多具有不同背景的人为自己开创了通向成功的事业，那种事业带给他们自身巨大的满足感，并对他们周围的世界产生了有意义的影响。这些人是他们家乡的荣耀，也是他们家庭的榜样。他们很幸福，所以我知道，成就伟业是有可能的。

第二，我自己碰巧也是一个幸福的拥有通向成功的事业的人。我在人生的早期便发现了自己的激情所在。在我的孩提时期，我觉得我的老师工作得不够出色。因此，当其他孩子在后院建造堡垒的时候，我创造了自己的微型教室，教室里面坐满了我想象出来的学生。所以，我知道我会成为一名教师。但是我要教什么呢？那时，我的一位高中历史老师收藏了一套有关金融和经济学的书籍，我便开始读起来，并且从来没有真正停止过。不过那也不意味着一切都已尘埃落定，安排妥当。从研究生院毕业后，我最终找到了一份安稳且刺激的工作，我做了一名经济师，效力于加拿大政府。那份工作有成长的空间，我喜欢与我共事的人，我也有机会对公共政策产生真正的影响。

总之，那是一份很好的工作，但对我而言并不是一项通向成功的事业。我想要开拓自己的咨询业务，以便拥有更多自由，我涉猎了从物理到建筑等许多我感兴趣的其他领域。我知道自己想要什么，但是辞职信在被我递出去之前还是在我的桌子上躺了一个星期。我到现在都不敢去想，如果没能迈出那一步，我将错过什么。

当然，这并不是说从我决定追求一项通向成功的事业的那天起，一切都很简单。接受我咨询的第一个客户居然是个骗子，比加拿大皇家骑警早一步逃离了加拿大。结果，我不仅经济紧张，处境尴尬，自信心也备受打击。除了继续埋头工作之外，我看不到我还有其他任何选择。我不能回头，因此很显然，我唯一的选择就是继续前行。所以我就继续前行。

过了一段时间，我准备把我对教学的热爱也融入我的事业之中。多年前，我遇到过的教授和其他顾问都告诉我，我必须做出选择，要不就在私人企业做经济研究，要不就去大学教书。当然，我可以不急着做决定，但是最终我还是得在两者中做出选择，并且只能选择其一。他们的建议是善意的，但是我还是决定挑战他们的建议。我就不明白了，我想，如果你喜欢同时做多件事情，那为什么不呢？我开始亲自试验，在滑铁卢大学授课，只教授一门经济学课程。30 年后，我的教学生涯和我的咨询事业一样饱含活力。

随着教学活动和经济学研究成为我工作的坚实的一部分，是时候引入我的第三处激情所在了——技术。我在乡下的一个农场长大，和大多数孩子一样，对那些看似（或许就是）比我大百倍的农场机器深深着迷。我的祖父曾用连枷给小麦脱壳，那是一种你能想到有多古老就有多古老的农用工具。后来就有了收割机，接着又出现了拖拉机，然后有了联合收割机。机械和技术的发展之快始终让我惊叹不已，这种赞叹之情并没有随着我年龄的增长而停止。我开始给学生们的初创技术公司当顾问，也给外部客户提供关于他们的工作与新兴技术的建议。虽然我不会写代码，但是我可以通过为公司提供营销策略等建议推动机器人等领域的发展进步。

如果我没有一个让我的生活井井有条的计划，我想我会疯的，所以在这本书中，你会读到很多有关制订计划的内容。计划到位至关重要，但是激情亦是如此。当你不再关心今天到底是周末还是工作日时，那种感觉棒极了；当你特别期待去工作时，你会感觉充满活力，甚至都不会去想退休的问题——为什么要去想呢？我对自己事业的这种感觉每个人都可以有，只要你知道去哪儿寻找，如何去寻找。

让我明确一下激情的含义。激情不仅仅是一种兴趣，尽管激情最初可能以兴趣的形式出现。一个有趣的想法很容易出现，当你有一个唤起激情的想法时，你时刻都在想它，停不下来。当你找到一个让你充满激情的领域时，你会想要完全了解它，自然也就会看到应该填补的空白、应该改正的错误，以及极需创造力的创新。有了激情，就会发自内心地想要采取行动。而当你仅仅是发现了一些“有趣”的东西时，上述这些元素不一定会存在。

激情会激发你持久的关注；相比之下，兴趣则如潮水般涨落，有时还会消失。是的，激情也会随着我们获得的经验而发展演变，有时会扩大或加深，或是拓展到相近的领域。当然，你可能拥有不止一种激情，或者你也可能会发现一种新的激情。有了激情，你就会感觉有如神助，顺风顺水，就像我过去这么多年所感觉到的一样。

然而，我想写这本书的第三个原因可能是最关键的。我处在一个独特的位置上，我曾给成千上万人做过有关职业生涯的建议，可以很好地利用他们的经验。事实上，在过去的这些年里，已经收集了三万份职业规划书。此外，我觉得你还有必要了解一下滑铁卢大学。滑铁卢大学的特别之处在于它有一个无与伦比的合作项目，它的规模是全球最大的。这也就意味着超过 1.9 万名学生会在自己大学生涯中的某些学期里进行有酬就业，同时也有超过 6 000 名雇主会访问校园，雇用我们的学生从事与他们的专业相关的工作。我们的学生在攻读学位的时候就获得了现实中的工作经验。

我想，这样你就大概明白为何滑铁卢大学的职业对话如此强大了吧？我的学生们的工作岗位遍布高盛、微软、好莱坞以及美国、加拿大和亚洲的小型创业公司。在北美洲，你很难找到一个没有我学生的中型或大型公司。我的学生具有多元化背景，他们在 19 岁时向我寻求建议，到 30 岁时又会回来向我报告他们的进展。在有些情况下，他们年轻时并没有采纳我的建议，但是现在觉得需要听了。想想看，我已经在这一行做了30年，所以我进行的其实是一项长期的、非常完善的研究。

所以说，这本书并不是基于某个人、某位名人或其他某些人的独特成功路径而编写的一本成功秘诀。相反，它以一系列重要的事实为基础，这些事实证明某些职业策略可行，而其他的则不可行。从熟练的技术工种到博士的工作，再到创造性的工作，这些策略几乎在每一种职业中都得到过应用。年老的、年少的，吵闹的、害羞的，紧张的、自信的，各种各样的人都曾使用过这些策略。

在这本书中，你将读到许多故事，这些故事来自我的学生，或者我曾给过建议的人。有些人同意我使用他们的真实姓名，而对于其他人，为了保护他们的隐私，我掩饰了能表明他们身份的一些特征，改变了他们故事中的某些部分。在某些情况下，我还创造了几个学生的复合体。虽然我选择给学生取“约翰”或“特伦特”等常见的名字，但还是应该指出，这本书里的主人公们背景十分多元。我选择常见的名字是为了避免在读者心中形成那些定型的刻板印象，或者避免某个学生被无意中认出来。不过，本书中讨论的每一种策略都曾在实际的就业情境下得到过验证。

本书的方法很直接。它向读者提供了精心组织的经验证据，以回应那个TEDx演讲后我收到的雪花般的来信中最常见的问题。本书旨在回答以下问题：难道通向成功的事业不只是一个奖赏？大多数人不也就是学着去“爱”他们的工作吗？我怎样才能找到激情？我怎样才能调和追求通向成功的事业和承担家庭责任之间的矛盾？如果我并不特别，要怎样才能找到通向成功的事业？如果我的激情不足以维持生计怎么办？我怎样才能克服对失败的恐惧？难道金钱还不足以使一项事业"通向成功"吗？那到底是什么让事业真正地"通向成功"？

本书的答案力求务实，它们既不简单，也不神奇。它们承认你所生活的世界对才华的实现怀有敌意，但是同样也让你相信，如果你选择从已经成功的人们那里学习经验，那么通向成功的事业就在你的掌握之中。

为了确保你能完全掌握每章的内容，我会在每章的最后问你几个问题。请认真思考并诚实回答这些问题，因为它们会帮助你为接下来的章节做好准备。在本书的结尾，你将明白为了拥有一项通向成功的事业，你需要做什么以及为什么需要这样做。

有必要提醒你的是，阅读这些我不得不说的话并不总是一种很舒服的体验。我写此书的目的并不是用温柔的话语哄你入睡，而是要唤醒你。正如葡萄牙的那位维克多先生在听完我的演讲后来信所写的："我认为（你的演讲）很具有破坏性，听起来极其不舒服，带有明显的攻击性，还包括……对我截至目前的人生的难以置信的精确描述。"

我打算彻底颠覆你的想法，让你把那些老旧的观念和20世纪80年代的策略抛出窗外。因为通向成功的事业是必不可少的，也是你触手可及的。

拉里·史密斯

第一部分

找到你的工作激情

第1章 不是工作，而是事业

约翰确信他的生活已经步入正轨。毕业时，他手握计算机科学的文凭，加入了世界上最了不起的标志性IT（信息技术）公司之一。这份工作报酬不低，待遇优厚。在5年的业绩考核均被评为良好之后，约翰被提拔为团队经理。他结了婚，住在高档社区的一所大房子里，最近在和妻子讨论要孩子的问题。约翰甚至已经开始往退休账户里存钱了。

沙琳的生活与约翰形成了鲜明的对比。尽管高中时沙琳擅长科学和数学，但她还是选择了学习社会学，因为社会学是“关于人”的学科，而数学则让她“感到无聊”。临近大学毕业时，她唯一的一个工作机会是在呼叫中心工作。她被告知，如果她在那儿工作5年，将很有可能被提拔为团队领导。然而，她还是没有接受那个职位，而是选择回到研究生院继续她的社会学研究。“不确定时，就去上学。”这句话一直是她的座右铭。当沙琳再次要毕业时，她发现她的就业选择里除了高中教师，其他几乎没有什么。（理想状况下，她应该早就对就业问题做过研究，但她没有，她后来才更多地研究了这一点。）沙琳可能不确定她到底想要什么，但她很确定地知道，自己并不想成为一名高中教师。为了争取更多的时间，沙琳做了一份文书工作，负责材料的归档和提取。

今天，在这两个人中，一个在财务上成功而又安全，还有上升的势头；而另一个则停滞不前，几乎没有进步的机会。一个自信满满，一个忧虑重重。也许你认为你已经知道他们分别是哪个人了。但是如果你认为沙琳是那个注定要挣扎的人，那你就错了。

约翰为何挣扎：朝九晚五的上班族的竞争与灭亡

如果这会儿还是 20 世纪 80 年代，那么约翰的舒适世界将得到保证。但是他出生得太晚了。在总经理约见他之前，他都不知道自己的工作有危险。事实上，见面好几分钟后，约翰才意识到自己被解雇了。

这没有道理啊！约翰的公司正在成长，也在盈利；他的业绩评价也不错；他也没有做错任何事。总经理闪烁其词，没有明说，只是说公司的优先事项正在变化，并且谈到了离职金的事情。第二天，约翰在新闻媒体上看到他的公司解雇了数百名员工，理由是他们的技能不足。即便是在那时，约翰也还没什么感觉。现在约翰被弄糊涂了：所有交给他的任务他都顺利完成了，从未失败，凭什么说他技能不足？

事实上，约翰为何会陷入这样的困境一点儿也不难理解。他被外界的竞争重重击中，被先进技术当头棒喝。警告的信号早已存在，只是约翰没有注意到而已。几年来，商业媒体对他所在的公司进行的都是负面报道，很多评论说该公司错过了近期的 IT 新发展，而其他公司则在 IT 市场上不断进步。该公司也因为正在失去竞争优势而遭到批评。而在我与约翰的谈话中，很显然，他并没有注意到这些问题，甚至可以说完全没有意识到这些问题的存在。“我们还在盈利啊。”约翰说，并且说的也没错。（我注意到他还在用“我们”这样的字眼，虽然事实上他已经不是该公司的一员了。）约翰坚持认为既然公司还在盈利，那么媒体的报道就是不公平的。

“会不会是，”我试探性地问，“公司最终得出结论，意识到那些报道是对的？会不会公司未来的盈利能力真的面临风险？”

“也许吧，”他说，“但是这仍然说不通啊！如果他们担心竞争，为什么要解雇我啊？我有丰富的经验，一直都能完成自己的工作。为什么要雇用那些没什么经验的新人啊？”

媒体在报道该公司的裁员事件时，曾提到公司意在解雇那些“朝九晚五的上班族”。我问约翰这个描述是否也适用于他，他却说他压根儿不知道这个词是什么意思。是时候直言不讳了，只有真相才能让约翰清醒过来。所以我告诉他，这个词是暗含贬义的，朝九晚五的上班族意味着他们只把时间用于完成普通的工作，而不是积极主动地解决任何看似重要的问题。

“公司不喜欢那样做啊。”约翰坚定地说。他还提起公司那个有干劲儿的创始人。但是情况可能已经变了。或许有些高管也是那种朝九晚五的上班族，而这次他们也走人了。

“约翰，”我说，“你有没有认识到，从某几个方面来看，你的前雇主正在输给其他更加灵活的竞争对手？”

约翰的回答是“也许吧”，说明他还根本没有看到这一点。很不幸的是，他认为自己的工作是理所当然的。他选择了计算机方面的职业，是因为该领域的需求量很大，他想着既然选择了计算机，就应该没有什么好担心的了，他想工作多久就可以工作多久，但是看看他所忽略的所有迹象吧。而你，是不是也忽略了这样的迹象？

如果在过去60年的大部分时间里你都是一家主导市场的大公司，那你当然可以预期继续统治未来的几十年，对于这样的事实，你或者约翰怎么会怀疑呢？如果你是通用汽车公司、IBM（国际商业机器公司）、西尔斯百货、柯达、美国钢铁公司、宝丽莱或者施乐公司，竞争对手攻击你将是自取灭亡。然而紧接着，日本的进口汽车就以迅雷不及掩耳之势颠覆了前三大汽车巨头的市场平衡。IBM被微软和英特尔突然袭击。技术进展使得柯达、施乐和宝丽莱被挤出主流市场。苹果公司颠覆了原有的音乐产业，就连优步也扰乱了稳定的出租车业务市场。而所有这些例子还只是冰山一角。

下面是接下来发生的事情：微软突然面临云计算和移动设备的竞争。谷歌很快就发现自己遭受到来自脸书的压力，而脸书自身也受到即时通信服务的重压。如果你不知道这一切发生得有多快，那么你就不会明白过去有多安稳。在过去，市场统治地位应该会持续许多个十年，而不是仅仅两三个十年，甚至有时只有一个十年。而如今这种市场的破坏和颠覆都发生在约翰的一生之中，所以即使是对过去的肤浅认识也会帮助他更好地看清未来。

请理解，我并无意让约翰自我感觉很差。他已经感觉够糟的了，自信心也受到了严重打击，虽然他的信心此时还没有完全崩溃，但是我很担心他开始找工作后的心理状态。与约翰的谈话是痛苦的，我们有过不止一次这样的谈话。远不止一次。

我想现在你明白为什么我觉得还没到告诉约翰有关沙琳的事的时候了吧？因为他还没准备好聆听沙琳的故事。

沙琳的事业为何会蒸蒸日上：要求越来越高的消费者与变化

沙琳不需要任何人告诉她竞争的力量。她知道，如果她要找一份与教书无关的社会学家的工作，那她就要面临激烈的竞争。或者你认为作为一名社会学专业的学生，她应该接受可以得到的任何一个像样点儿的工作机会。可以想象，沙琳焦虑的父母肯定就是那样想的，他们会鼓励她抓住触手可及的果实，现实一点儿。他们可能已经急不可待地希望她能运用所学，努力偿还自己的贷款了。这种想法有什么不对吗？但是沙琳是有抱负的，她想要一份了不起的工作，一项通向成功的事业。所以，她专注于她的两个目标，并且竭尽所能地去实现目标。

沙琳发现社会变革的历史让她着迷。关于社会变革历史的一切都让她兴致盎然；技术的变化像文化规范的变化一样深深吸引着她。尽管她一行代码也不会写，她却远比约翰更加清楚地了解计算的变革力及其社会和商业潜力，这为她找工作奠定了初步基础。如果改变是她的主要兴趣，那么她应该将重心向最了不起，也最明显的变化源泉——科技行业——倾斜。

在沙琳看来，很显然，用户变得越来越苛刻，他们的要求越来越高，他们想要更好的产品，而不只是更多的产品。现在，用户对质量和数量的需求一样迫切。过去，有食物可吃人们就很高兴了，但是现在情况不同了。食物必须新鲜、没有杀虫剂、当地种植、生态采摘，并且必须有一部分利润用于支持慈善事业。在更加平静的过去，车就是车。但是持续的激烈竞争告诉消费者他们可以要求汽车能够使用更长时间，保修期也因此延长。然后他们想要汽车配备道路救援服务。接着汽车还要能够自己停好。然后，所有的产品和服务都得如此。手机不会说话可不行，它必须能听还得会讲；告诉我们该去哪儿，怎么去；还要为我们提供娱乐，加热我们的下午茶。我们使用的产品永远不能让我们感到厌烦和无聊。哦，对了，即使有了所有这些功能，我们仍期望这些产品能比较便宜。

沙琳通过更为广阔的视角看到了变化，但事实上，我的大多数学生并没有。如果你会发短信，用消息调情，会玩推特，会浏览信息，会上网冲浪，会自拍，那么你会很容易相信自己就是技术的主人。然而实际情况是，那只能证明你是今日技术的主人——那么昨日的技术呢？要真正掌握技术的影响和发展步伐，了解过去的情况是至关重要的，而回顾过去以了解未来其实正是沙琳的专长。

主动出击与被动反应

沙琳从没见到过任何一个她真正想做的工作，所以她没有别的选择，只有等待，直到……不对，等等——那是昨日的回应。

沙琳其实是这么做的：采取行动，主动出击。沙琳开始撰写有关技术变化和消费者的博客文章，发表在她那些技术达人朋友推荐的地方；接着她又为杂志写了几篇免费的文章。任何技术社交大事件中都能见到沙琳的身影。

在沙琳为她通向成功的事业打下基础的时候，约翰在做什么呢？他仍在被动反应。在他之前的工作中，他的时间都用于写代码，为写更多的代码奠定基础。现在他失业了，但是他还没有足够的紧迫感去采取行动——因为他仍处于反应模式。

在约翰看来，发生在他身上的事只是人生道路上的一处不公平的颠簸。鉴于他是个技术男，再找一份工作应该不是难事。他想，最多需要一两个月吧，而他的妻子的工资和家庭积蓄应该可以撑一段时间，直到他找到新的工作为止。

然而，随后情况变得复杂起来。由于他的妻子不能丢掉工作，所以搬到另一个城市在短期内看来并不明智，而在他所在的地区，除了他的前雇主之外，也没几家大型的 IT 公司了。约翰每一家都去了，其中有几家还曾公开抱怨过技术领域的 IT 人员短缺。

约翰得到了面试机会，但是事实证明，这些公司正在招新领域的专业人才，如云计算和深度数据挖掘等。约翰强调，他技能广泛，可以学习他需要学习的任何专业。虽然面试官点了点头，并说他们会记住他，但是约翰敏锐地意识到，在接待大厅，还有一些年轻的、刚刚毕业的面孔在等待他们面试。约翰自我安慰，即便这些新毕业生上过云计算课程，他们也没有他那么丰富的经验。

然而糟糕的是，经验并不是最重要的。更糟糕的是，约翰被解雇的现实给他的面试蒙上了一层阴影。他是不是个朝九晚五的上班族？如果他那个可以承受庞大自重的大公司都不想要他，为什么新公司会愿意给他一个机会呢？

最终，约翰得到了一家小型库存软件公司的工作机会，工资只有他以前的一半。他总是根据自己的收入来判断自我价值，因此一蹶不振。但是他又有什么选择呢？

与此同时，沙琳跳槽到了一家中型科技公司，利用她的社会学背景帮助公司搭建社交平台。在这里，沙琳的教育背景再次得到了回报。当她试图理解为什么一些已经存在了几个世纪的文化习俗会在一代人之中改变时，她感到前所未有的喜悦和满足。比如说，女性是如何以前所未有的数量进入城市劳动力市场，从事她们以前几乎从未从事过的职业的，这类问题让她痴迷。她还想了解为什么企业忠诚度下降得如此之快，以致年轻人甚至不知道这些企业曾经存在过。这是一个缓慢的认识过程，但是沙琳看到她对社会变革的兴趣与另外一项伟大的文化变革融合起来了，融合的结果就是社交媒体重要性的增长。还会有谁比沙琳更懂它，更会用它呢？她看到积累的财富向她涌来，而约翰则看到财富离他远去。

约翰的再教育

约翰后来又回来向我咨询，那个时候他正准备接受那份工资只有原来一半的工作。他想要我教他一些社交技巧，以便能找到更好的机会。我的建议是，他真正需要的其实是战略性反思。

“不，我不需要那个——我只需要一份报酬高一点的工作。”他说。

最后，我别无选择，只好坦白地告诉他，他的就业挑战是系统性的。除非他准备好要真正解决这个问题，否则再谈就是浪费时间。约翰看起来非常不高兴，但是他并没有离开。

我觉得我需要给约翰提供一些背景信息，所以我告诉他，我童年早期的大部分时光都是在一个偏远的农场里度过的，那里太偏了，连电都没有，唯一的娱乐就是听一部装电池的收音机，电话也是十几个家庭共用一条电话线。那里没有自来水，我的母亲和祖母在木炉子上做饭。约翰吃惊地看着我，就好像我刚刚告诉他我是个火星人一样。

“当我还是个孩子时，”我继续说道，“汽车会在冬天结冰；长途电话费太贵了，不是紧急情况我是不会打的；电视、喷气式飞机、大型计算机、个人电脑、器官移植、基因工程、DNA（脱氧核糖核酸）测试、体外受精、电脑动画，还有互联网这些，都是后来逐渐出现在我的生命中的。不过，你觉得我为什么要告诉你这些？”

“你是想让我知道你见证过很多变化吗？”约翰试探着说。

“不是，”我说，“我告诉你这些是因为你将见证更多、更大的变化。”

劳动力的变化也同样非常剧烈，我把这一点也解释给约翰听。在我年轻的时候，我有可以让我选择的“好”工作。一次简单的面试便可以获得一个工作机会，因为面试官其实只关心你有没有什么明显的问题。你会获得足够的薪水，一份终身的工作，除非你彻底搞砸了；退休时会有一个明确的福利计划，保障你退休后的收入。那时的金融市场是平稳的、可预测的，所以你所要做的就是存钱，这样你就可以很容易、很安心地积累一些额外的财富。

而如今呢，一份典型的工作就是几乎不涨的工资、每天不断增加的压力、把个人生活压榨得只剩碎片的工作量。找到一个“好”工作的可能性正在迅速消失，这些都是经济竞争导致的结果。

我提醒约翰说，因为我是一个经济学家，所以我自然会经常想到竞争这个问题。竞争的压力不断增加，在21世纪也不会停止。参与竞争的国家、公司和工人的数量也在不断增加。即使有奇迹出现，让竞争者的数量停止增长，技术变革也将继续下去。一项简单的技术变革就足以颠覆整个产业，并迅速削弱现有公司和员工的竞争优势。事实上，竞争和技术正在随着空前快速的节奏起舞。约翰别无选择，只能跟着一起跳。你也一样，别无选择。

新的策略

尽管竞争和技术的双人舞是我们这个时代的决定性特征之一，

也有很多人讨论、评论，但是人们并没有因此而真正做过什么。这并不会影响他们的思维方式，也不会影响他们对待职业生涯的态度。对于约翰及其他许多人而言，竞争、技术和快节奏的变化只不过是他们在酒吧里随便闲聊的字眼而已。

是时候告诉约翰关于沙琳的故事了。

我向约翰解释了沙琳的背景，并指出她刚刚被一家快速发展的社交媒体公司录用，从事一份备受瞩目的工作。不出所料，约翰问我是不是建议他在社交媒体领域找工作。

“社交媒体让你着迷吗？”我问他。

“也没有吧……没有。”

“既没有相关教育背景，也没有相关经验，你觉得你可以和沙琳那样的人竞争吗？”

“呃，不能。”他回答说。

“就是说嘛！我并不是建议你做出和她一样的选择，而是让你考虑她的策略。”

约翰那天走进我的办公室之后，第一次笑了。他终于准备好进行事业策略的谈话了。

我们首先回顾了一下那些行不通的事情，它们涵盖了大多数人实际上正在做的大部分事情，比如那些在我看来适合约翰祖父母辈的职业。大多数人都在做其他有同样工作的人在做的事情：获得相同的教育、学习相同的技能、打造相同的简历、面试时给出相同的答案。

人们最常采用的策略是：先接受教育，如果发现自己面临更多的竞争呢？那就接受更多的教育。还有更激烈的竞争？获得更多经验吧。还有竞争？那就再获得更多的经验。然而，大家积累经验的速度都是一样的。认为你可以仅仅通过又庆祝一个生日在事业上更上一层楼，在21世纪似乎并不是一种成熟的想法。

我问约翰这个方法有什么缺点，约翰说他明白主要问题在于几乎所有人都在这么做。你只有比其他所有人工作的时间都长，这个办法才行得通，也就是说，这其实是职业耐力的比拼。

“想想后果吧，”我说，“在这个竞争越来越激烈的社会，你还让自己和其他人一样，这个道理在哪个世界能讲得通？你基本上把自己变成了一种商品，并且是可以互换的商品，跟商品一样的劳动者还一直被压价，压到尽可能低。”

约翰现在明白他为什么会被减薪了。“我肯定不想成为一种商品。”他强调说。

“很好，”我回答道，“接下来让我们来谈谈如何使你成为一个明星。”

在我们开始讨论更棒的职业策略等细节之前，约翰首先需要了解他的目标：不是一份工作，不是一份好工作，甚至不是一份了不起的工作。他的目标应该是一项通向成功的事业。

> 一项通向成功的事业可以让人获得令人满意的工作、对世界产生的影响力、一份可靠且说得过去的收入，以及个人自由。

如果约翰曾拥有一项符合上述定义的通向成功的事业，他就不必担心会被解雇。如果他用自己的技能去做那些对他而言既有满足感又有意义的工作，他就不会成为随时可以被替换的齿轮或者商品，他会成为一项特殊的资产，其贡献无法被复制。他会有一种特殊的优势。

没错，成为这样的一个明星并不容易。但是，如果你连这样的一个目标都没有，如果你不关注如何在事业规划中的任何方面变得卓越，那么你永远也不可能成为一个明星。

那么约翰要怎样建立自己的优势呢？在接下来的几章里我将探讨像约翰这样的人应该做些什么，但是一切都要从一个简单的问题开始：如果你对一项工作本身没有激情和兴趣，你可能建立任何真正显著、可信的优势吗？如果没有激情，你觉得自己可以建立这种骄人的、让你在工作中脱颖而出的竞争性优势吗？没有激情，你能让自己树立起工作中所必需的坚定目标并激发出自己的干劲儿吗？你将如何与那些怀有真正激情的人去竞争呢？

杰克的工作：一场“选择自己”的冒险

我想给大家讲讲我的好朋友杰克的故事，因为在你开启你的事业之前，除了一剂健康的现实之外，你还需要一剂等量的健康的愿景。

杰克热爱他的工作，他的老板也爱他。他是一名很有价值的雇员，所以他的工作是有保障的，他想工作多久就可以工作多久。

但是他的事业并非一开始就如此。事实上，曾经有一段时间，杰克似乎也要成为21世纪残酷的劳动力市场上的绊脚石和牺牲品了。

不管杰克在工作中进行怎样的尝试，他的职业道路都未走通。大学毕业之后，他在一家市价数十亿美元的电信公司里找到了一份出色的工作。他找这份工作并不是因为他喜欢这份工作或者是他喜欢电信业，而是因为这份工作报酬不错，机会难得，并且那家看上去很稳定的公司还愿意给他提供培训。那还考虑什么呢？所以他就没再犹豫。他接受了这份工作，从而开启了一条职业道路。（听上去和约翰有点儿像？）

杰克积累了经验，并且在新兴的通信技术领域接受了大量的培训。他甚至还受到一个强大联盟的保护。看起来他的人生似乎也已步入正轨。

不幸的是，在极速更新的技术和快速发展的竞争对手的双重压力之下，杰克所在的公司受到重创，最后垮了，杰克也因此失业。由于整个电信行业都在动荡，没有人招聘，杰克的经验也没有了直接的价值，再加上技术发展之迅速，杰克的经验很快就过时了。他该怎么办呢？

杰克可不是轻言放弃之人。他评估了一下自己的可挖掘的技能，然后在包装品行业找到了一份物流工作。这一次，工资不怎么高，但它至少是一份相对体面、安全的工作。我们总是会需要物流的，对吧？嗯，不，那可不一定。随着经济发展的放缓和竞争压力的增加，包装品行业内部经历了一轮兼并，杰克再次失业了。

此后，杰克又做了两份比较低级的日间工作，一份是码头装卸，另一份是家具搬运。但同时，他也在提升自己的计算机技能。按照标准的职业生涯手册上的指示，杰克不遗余力地进行社交，寻找自己的用武之地。接着，杰克在一家北美生产商那里找到了一份物流经理的工作，该公司对高质量的产品需求量很大。杰克终于确信他的事业重新回到了正轨。

然而，在杰克做这份新工作马上就要满一年的时候，中国制造商发现了这个产品类别，并且以更低的价格进入该产品市场。杰克所在的公司在接下来的两年里渐渐衰落，杰克也不得不再次寻找工作。

杰克在和技术及竞争比赛，而每次当他领先的时候，他都被击败了。他感觉好像一直有一头怪物在跟着他。

杰克是他家里的主要经济支柱，我自然可以理解他所承受的压力。从他的最高工资来看，他的收入已经下降了 1/3 以上。摆在他面前的有两条路。

第一条路，杰克可以说："去他的，我已经尽力了，"他低下头，"我就当个行政助理或是别的什么，然后接受现实：我永远也不会有车有房，也不会负担得起像骑摩托车那样的放纵的嗜好。我会省着花钱，将我所有的收入都投资给孩子，我们应该会没事儿的。"换句话说，他宣布向竞争投降。那将是怎样的生活？比灰还灰，看不到希望。但我看到还是有那么多人选择了第一条路。第一条路让我颤抖。

我很高兴告诉你，杰克选择了第二条路。杰克既聪明，思维又缜密，更重要的是，他不是一个轻言放弃的人。起初，他想着他应该寻找一个没有竞争的行业。那个行业可能并不会光鲜亮丽，但至少是安稳的。不过他很快便注意到了一些东西。你知道的，他的工作状况意味着他在此期间花了更多的时间在家里，所以他会经常看到自己的孩子们。他注意到他9岁的女儿无所畏惧的样子。从跆拳道到体操，从辩论到科学十项，她什么都愿意尝试。有一些她尝试的事并没有成功，但是她耸耸肩，继续前行。她不仅勇敢，还很坚韧。杰克忍不住在想，如果他连试都不试，就选择退回到“安全地带”，那会给女儿传递怎样的信息。

当然，除了女儿的影响之外，杰克也逐渐意识到，没有什么地方可以躲避竞争。在他探索的每一个领域，他都看到，即便那里现在是个安全地带，也不能保证它永远是——对于这一点，他比谁都清楚。他意识到，只要他还想着逃避竞争，他就一定会失败。所以，他选择与竞争正面交锋。他要将竞争变成资产，而不是让它作为一直跟着他的怪物。

有了这种新的心态之后，杰克首先问自己，在竞争激烈的市场中，什么是永远重要的？答案是推销术。因为随着竞争的加剧，你会需要一个能比别人销售得更好的人。

其次，他想知道他能销售些什么。他热爱旅行，虽然他没能像他所希望的那样经常去旅行。但是如何销售旅行呢？他记得自己曾和妻子听过一场分时度假的演讲，那时他就忍不住一直在想，如果换成是他演讲的话，会有什么不同。

搞清楚了自己想销售什么，杰克开始思索自己想成为一名怎样的分时度假销售员。他之前从来没有做过销售，但是他知道自己是一个“人缘很好”的人。他经常听别人说他很容易沟通，对此他觉得是因为他真的对人很感兴趣。他为人友好又风趣，与别人交谈时总是看着别人的眼睛。他就是那种总是受邀在婚礼上发言的人。所有这一切都意味着他是一个没有社交障碍的人——其实这并不是严格意义上的社交，因为他只是很自然地对新人感到亲近，并且喜欢与他们交谈。

最后，杰克需要确定他如何得到这样的工作。一方面，他有一个强大的朋友圈，可能有人认识能够帮他进入这个领域的人。另一方面，他也意识到，要想证明自己，销售是相对而言比较简单的领域。为了了解旅行和度假市场，杰克如饥似渴地大量阅读。后来，当有人愿意考虑雇用他时，他说：“让我试试，然后根据我的表现决定。”他相信自己，所以他给自己设下了这么一个考核。这是一个绝妙的策略，而且它奏效了。杰克的业务现在主要来自老客户的推荐，而所有的商业人士都知道，老客户的推荐是最宝贵的。他会经常去客户最感兴趣的地方旅行，以便在谈起那些地方的时候不至于显得很无知。他为英属维尔京群岛专门定制了分时度假和第二家园，那是他深爱的一片区域。他是公司里最能赚钱的人，即使市场萎缩，他也能从大部分竞争中胜出，因为他就是那么擅长他所做的事情。他知道，如果他需要，他也可以销售其他东西。还是如前所述，在竞争激烈的市场中，总是会需要销售人员的嘛！

最终，杰克找到了他喜欢的工作，还有一个保持成功的清晰策略。沙琳也在追求充满激情的兴趣，并收获了事业上的成功。相比之下，约翰只不过是在找一份工作，结果却在苦苦挣扎。

杰克不会再在这本书中出现，但是在这本书中，他无处不在。他的案例是一个经典的“通向成功的事业”的故事，这个故事绝对与运气无关，相反，它与分析的方法、有条不紊的过程以及决心密切相关。本书的其余部分将告诉你，虽然你可能会因为第一条路阻力最小而有选择那条路的欲望，但是只有第二条路才是通往成功事业的道路。

我以前的一个学生哈鲁特最近写信给我，告诉我他工作上的一些变化。我在他的电子邮件中发现了一条来得很及时的评论，它很好地总结了本书第1章的核心信息，其实，这也是这本书的核心信息。“公司已经转向外包模式很多年了，”他写道，“很快，只有审核评估外部招标（方案）的那些知识渊博的员工能够留下……我曾以为我找到了一份好工作和一项不错的事业，但是它们正在消失。现在，我将被迫去追寻一项通向成功的事业。”

尖锐的问题，诚实的答案

1. 看看你现在所走的道路。你是如何走上这条路的？是因为它容易，还是因为它能通往你想要去的地方？

2. 你是一个朝九晚五的上班族吗？你的老板会不会觉得你是？

第2章 为何“安稳”的工作只是个传说?

不久前，我参加了一位好朋友的退休晚宴，他退休前是一位法官。虽然晚宴的总体氛围是喜庆的，但还是有一丝悲伤的气氛。我的这位朋友非常热爱他的工作，那天晚上参加晚宴的许多人也很喜欢他们自己的工作，所以他们很能理解伴随着退休而来的五味杂陈。

“不工作了他会干什么呢？”坐在我桌边的一位朋友问道。我知道她并不是问“他该怎样打发时间”这样的问题，因为有许多令人兴奋的事情在排着队等他去做。但是他对工作如此热爱，所以退休对他而言确实是一种缺失。不管你相信与否，我尽量不好为人师，但是那天晚上的话题与我的生活方式太契合了，所以我加了一句：“我知道，他对工作的激情是很了不起的。我总是告诉我的学生们，他们应该追求的，正是那种激情。”

听到我的话，那位坐在我旁边的女士立马生气了，我们并不太熟。“你的建议太可怕、太危险了，”她说，“那种建议会让孩子们找不到工作的。”她的反应如此迅速和强烈，我想她可能是有一个孩子正在找工作，而那个孩子可能正住在一间地下室里，应付着当地比萨店的反复倒班。难怪她会为孩子担心，看到自己的子女成为这个社会自食其力的一员是她最大的愿望。

听到她的观点我并不感到惊讶，因为她的观点很常见。我最常听到的其他论点还包括：追求激情就像追逐一个无法实现的梦想；在这种经济环境下，没有激情的空间——只有技能是被需要的；如果你获得了某项技能，你就会爱上你的工作。我不想将我的桌友们卷入一场辩论之中，因为我知道那样只会让他们感觉更加不舒服，所以我只是朝坐在我旁边的那位女士微微一笑，告诉她我们看待激情的方式不同，然后就转换了话题。

所以，那天晚上我并没有说出我的心声，我将我本想说的一切都留给了这一章。我无法预见我的批评者们的每一个论点，但是有几个观点我是了然于心的。我在本章中囊括了那些论点，同时附上了我的回应。让大家知道我的回答是我在第 1 章中所阐述的硬道理，那就是，在这个竞争激烈的经济环境中，没有“好”职业一说。有这一点做我的低音基调，将下面的这些论点作为一个高音的杂音，就容易控制得多。

论点 1：每项充满激情的事业都需要一项备用计划

那天晚上我并没有太为难我同桌的那位女士，部分原因是我明白她为什么不高兴。父母只想给孩子们最好的，他们不想看到孩子们受苦或者与失业做斗争。我当然也不想让我的孩子们或是我所指导过的任何一个学生失业。换句话说，这位母亲和我的出发点是一样的：对孩子们的爱和保护的欲望。

然而，在如何让孩子们为困难做好准备这一点上，我们产生了显著的分歧。以备用计划为例。即便是那些乐于接受让孩子寻找激情的理念的父母，也会建议孩子：去吧，去寻找你的激情，但是要确保找不到激情也要能有所依靠。这个论点可能是我们父母日常唠叨里最常见的一句。说到有所依靠，他们指的是某种技能。而说到某种技能，他们可能指的是一些“安稳的”职业技能，比如牙科或簿记。

同样，这种观点也是完全可以理解的。就像当孩子们还小的时候，你建议他们多带件外套，以防变天，他们长大后，你也希望他们能做好准备。

然而，备用计划并不等同于天气变幻无常的春日里的一件额外衣物。你得明白，备用计划并不会保护他们或者推动他们前进，反而会让他们后退。备用计划就像一条绕行的道路，很可能会让你的孩子完全偏离正路。

我曾和我的学生亨利就此话题展开一场辩论，亨利的计划是学习一门技能作为备用计划，他选择的技能是云计算。然而，他的激情在写作上。亨利来看我的时候垂头丧气，因为他要很努力才能勉强赶上他计算班的同学们。

“那么，你是对云计算很有激情吗？”我问他。

“我也不知道，觉得有点儿意思吧。”

“哦。那你是打算一边追求云计算事业，一边追求写作事业？

还是打算先追求云计算事业，再追求写作事业？”亨利再次表示他不确定，但是他更倾向于后者。

“让我问你一件事，亨利，你打算活多久？精确点儿说。”

“嗯……你说什么？”

“我们是在讨论你的人生，对吧？”我告诉他，他跟我说的计划需要很长时间——相当长的时间——才能完成。“在此期间，你打算把你人生的其他部分都搁置吗？”

“我不太明白。”他说。

于是，我陪他预演了一遍。我解释说，我可以看到他学习云计算的技能，然后通过这个技能找到一份工作。不过，当他觉得自己的备用计划已经就位、安排妥当，准备开始追求写作的激情时，他可能不得不重返校园，接受培训。他真的准备好那么做了吗？如果在此期间，他遇到了他想娶的人呢？他会愿意同时追求婚姻和写作事业吗？那位幸运的女士会足够开明，允许他那么做吗？就算她为他祝福，并主动承担起学生贷款的债务以便他能继续追梦，如果他们决定要孩子了，他又该怎么办呢？

总之，虽然我相信什么时候开始追求激情都不算晚，但是不可否认的是，一开始就追求激情会更简单，也更容易。因为随着年龄的增长，生活也会变得越来越复杂。

发生在许多人身上的结果是（我很确定这也同样会发生在亨利身上），激情计划被封存起来，再也不会出现。事实上，我担心几年后亨利会再次回到我的办公室，十分苦恼，甚至很有可能会抑郁，因为他无法从工作中获得满足感，他感觉被工作困住了。

备用计划看起来很明智、很安全，但是其中蕴含着巨大的危险。备用计划是拦在你与真实激情之间的深深的泥沼。你没打算被困在那里，并且相信自己在穿过那潭深深的泥沼后会变得更加强大，但事实是你真的会被困住，本来应该给你安全的东西只会减缓你前进的脚步。

我知道这些是因为我经常看到这类事情发生。我的学生艾利刚开始时读的是图书馆学的研究生课程，因为她认为自己会喜欢。然而一入学，她就感觉自己被困住了。通过第一学期的课程，她判定待在图书馆系对她而言是个错误的选择，但是她仍然留了下来。她解释说：“既然我已经开始了，就得完成啊。”毕业时，她具备了当图书管理员的资格，所以她就成了一名图书管理员，尽管她讨厌这个工作。

不幸的是，许多人在做着同样的选择：他们仅仅因为已经开始做某件事了而去追求它。事实上，在我问学生们为什么要做完一件他们早就知道不适合自己的事情时，他们给我的最常见的原因也是这个。

一个名叫布拉德的小伙子用很艰难的方式吸取了这一教训，并写信与我分享了他的经历。他解释说，首先着眼于安全和金钱，希望激情和幸福会随后到来，这种想法只会让寻找幸福变得更加复杂。“(这种想法)远远不如直接走上通往激情和幸福的道路，”他写道，“有一件事我想很多人都没有意识到，那就是如果你从不偏离循规蹈矩的习惯，寻找激情就会困难得多。大多数人是习惯的动物，害怕走出自己的舒适区，那样他们将永远不会接触到新的事物，那些可能带领他们找到激情的事物。”

所以说，虽然备用计划本来充满了好意，却很容易导致不幸。曾见过我谈论这个话题的年轻女士萨布丽娜写道：“我选择下一段职业生涯的基础就是我对干细胞的激情，那是我 8 岁时就怀有的、我父亲也一直培养我的激情。在看到你的视频之前，我在做选择时十分犹豫，因为我很想像我的同龄人那样，去申请牙医或者验光等专业学校，这仅仅是为了工作稳定、收入不菲，哪怕我知道那对我来说会是多么枯燥乏味的生活。要是我父亲在 21 年前看到你的视频，他肯定也会受益匪浅，因为他选择了走经济之路，现在他正为此付出代价。他习惯性地将他的工作描述为那种高负荷、高压力、伤身体、摧毁灵魂的工作。”

亲爱的读者们，请允许我问你们一个问题：既然我们想保护孩子，那为什么要让他们走向一条伤身体、摧毁灵魂的道路呢？

论点 2：当前市场需要的是高超技能，而不是激情！

这个论点似乎很清晰：选择一种有需求的技能，通过教育、培训和经验来获得这种技能。我们必须认真对待这个论点，因为这是大多数人的论点。（像我这样的激情拥护者可以制造很大的声势，但是把激情放在第一位的毕竟还是少数。）正如我在第 1 章中指出的，随着劳动力市场变得越来越具有挑战性，竞争压力增加了，并且会持续增加。不需要技能的工作几乎完全消失，转移到了机器领域。所以技能看起来才是前进的方向，并且技不压身，越多越好。

但是这个论点有一个问题：许多人关注的是今天的劳动力市场的竞争，而并没有在意 15 年之后的市场会是什么样，更不用说 50 年之后了。每当我看到一张年轻的脸，我都必须看到未来的 50 年，否则我大可以闭口不谈，而保持沉默向来不是我的强项。当你看到未来 50 年时，你就会发现“技能第一”这种论点几乎没有意义。我们不妨看看那些现在需求量巨大的技术性工作，比如高科技或者医药。这应该意味着该项技能需求持续增加，等你完成培训时会有一席之地，对吗？不，完全不是。这种想法曾一次又一次地让人们失望，因为现在的“热门”明天未必还是如此。想想这些例子：高中的一个小伙子学业勉强及格，所以学校告诉他的父母他喜欢手工劳动，应该学习某项专业技能。他喜欢汽车，所以他选择当汽车修理工。总会有车要修理的，对吧？他开始当学徒，接受培训，想着已经找到了人生目标。这个年轻人很高兴，因为他似乎能看到汽车、美女和大把大把的钞票在等着他，于是他阔步前行。接着，汽车制造商将汽车质量提高到一个更高的标准，这样相应的维修需求就降低了。电子部件取代了机械部件。汽车修理工的短缺突然消失了，就好像从未存在过一样。这就叫作技术进步。

20 世纪 90 年代，互联网首次出现，于是电信工程师大量短缺。电信业告诉高校要尽快扩大电信学位的招生规模，否则会有延缓互联网发展的危险。电信专业的课堂因此变得拥挤不堪。接着就出现了互联网大萧条，电信业的过度建设和过度雇工等问题也凸显出来，世界各地的电信工程师不得不到其他领域寻求机会。他们有优秀的电信业简历——除此之外一无所有。

他们曾在技术上下注，但是技术和市场都在继续前进。人们说别担心，就等着吧——市场会改善的，互联网会继续扩大的。没错，确实可能会这样，但是这需要5年的时间。当你要养孩子、还贷款的时候，5年可是很长一段时间。此外，当5年后情况好转时，20世纪末学电信的那些学生会在你身后与你竞争。互联网瞬息万变，新一波的就业机会将属于新一拨的电信毕业生。

一代又一代人认为高中教师的工作是安稳且需要技能的。我们总是会需要老师的，对吧？其实不然。在包括美国在内的大多数工业国家里，出生率大幅下降，人口增长减缓，甚至出现负增长。这也就意味着，在没有移民的情况下，孩子的数量会下降。突然之间我们不再需要那么多老师了，因为没那么多孩子可教。

我敢肯定，你一定明白我的意思了吧！要让我列一份热门工作或热门技能突然变冷的清单，那它将非常长。最初网站设计者也非常短缺，而现在随便一个手里有设计软件的孩子都可以迅速做好一个可靠的网站。网站管理员被社交媒体大师所取代，而社交媒体大师也会被取代，具体被什么取代我们目前还不得而知。在我写这些的时候，深层数据挖掘专家还供不应求，但是这种形势能持续多久呢？

在追求安全并且报酬丰厚的工作时，移民家庭最倾向于将孩子推向他们所认为的最好选择——一个高技能的受控职业。我所说的高技能的受控职业，是医生、律师、工程师和会计师等必须得到执业许可，并且必不可少的工作。这条路似乎是移民父母的理想选择，因为他们冒着巨大的个人风险来改善孩子们的生活，而现在他们的孩子不应该再承担任何风险。我们暂且抛开这种前后不一致的方法（冒险的父母会因为他们养育了冒险的孩子而感到惊讶）不谈，所有的传统职业都正受到来自技术和全球竞争的围攻。法律和会计工作要么被相关软件所顶替，要么被外包给低工资的国家。法规政策也在发生变化，医生的一些工作正被护士从业人员或药剂师所取代。

你也许听过很多所谓 STEM 短缺的说法。STEM 指的是基于科学（Science）、技术（Technology）、工程（Engineering）和数学（Mathematics）的职业。学生们被敦促进入这些领域，并且认为这些领域里工作机会很多。但是真的如此吗？生物学真的和植物学的需求一样多吗？计算机科学家和纯数学毕业生的需求一样多吗？事实上，STEM 这个概念更多的是一种噱头，它并不具备任何的实际价值。

任何设定好的特定技能都会不知不觉地过时，那些在提供建议时不将竞争和技术的力量考虑在内的职业导师只是在为你提供一时的建议，而非一生的建议。

假设你并不相信我说的“明日的职业只是随便什么人的猜测”，你可以直接去最权威的美国工作数据来源——美国劳工统计局——上查。美国劳工统计局恰好正在试图预测未来。截至 2014 年 1 月 8 日，它预测了 2012~2022 年哪些职业将发展得最为迅速。

排名前 20 位的职业包括了一系列了不起的工作，涵盖了范围广泛的技能水平，其中包括工业心理学家（排名第 1）、绝缘工人（排名第 4）、职业治疗助理（排名第 8）、电工助手（排名第 15）和医疗秘书（排名第 19）。

上述是发展最快的职业，那么在同一个时间段内，哪些职业会增加最多的绝对岗位数呢？这份职业列表包括注册护士（排名第 2）、零售销售员（排名第 3）、包括快餐在内的食物准备和服务人员（排名第 5）、客户服务代表（排名第 8）、门卫和清洁工（排名第 9），还有建筑工人（排名第 10）。这个列表并不完全代表熟练技术工作的胜利，因为表上的大部分工作报酬都相对较低。这也再一次说明，所谓的“好”工作正在逐渐消失，剩下的就是列表上的那些工作。此外，尽管美国劳工统计局在做这些预测时采用的是一个可信的模型，但是它并没有将任何可能出现的颠覆性技术变革考虑在内。生活在我们这个时代，很难想象不会出现某种程度的颠覆性变革。

所有的这一切就意味着，我不得不告诉现在的年轻人，他们生活在一个喧嚣混乱的、急速变化的世界，传统的技能没有意义，新的技能又很难获得。我需要提醒他们，当我们回顾职业的历史时，我们会看到持续不断的变化，而现在这种变化正在加速。因此，这一点已经很明确了：如果我们让年轻人为通向成功的事业选一门技能，那我们必须准备好回答他们的问题——“什么技能？”我希望你们现在能意识到，我们根本无法回答这个问题。

论点 3:寻找激情是浪费时间,你应该正在做点什么才对!

小心分析过度,没有行动,最终毫无意义,许多反对我观点的人如是说。你需要的是行动,不是思考。就从你可以做的开始,至少获得一些入门级技能吧。然后那个声音接着说,努力工作、集中精神、严格自律、最终精通。只要你行动了,作为一名员工你就会更有价值,而那个价值会带来回报。作为奖赏,你可能会真正享受你所做的工作。

这些听起来似乎都挺有道理……当然是在你真正思考它们之前。

所以就让我们成为反叛者吧,想想看,首先,你要到哪里去找这种唾手可得的机会让你来开启你的精通行动?你在学校最擅长的科目是什么?那可能是我的许多学生——也许是大多数学生所做的。但是这已经产生问题了。

高中的科目很恰当地提供了一些适用于许多职业的基本技能,所以擅长某一个或某几个高中的科目让你有非常广泛的选择。那么从哪里开始呢?成绩最高的那一科?那就意味着你比老师还相信高中成绩的准确性。那么那些在高中从未涉及过的技能呢?顺便说一下,这一观点也同样适用于高校。

也许你的精通行动是从随便哪个可以获得的工作开始的,或者是从可选的工作中报酬最高的那个开始的,这也就意味着你技能战略的出发点几乎是随机的,对于这么重要的一个决定而言,它毫无意义。也许你是从某个看似合理的地方开始的，但是你如何能保证你的出发点能够让你最快捷、最有保障地通往成功之路呢？你不能保证，并且我可以听到决定你人生命运的赌博轮盘上的小球正弹来弹去。正如那些赞成技能的人们批评激情哲学不负责任一样，我不得不认为依靠这种随机旋转的轮盘更为轻率、鲁莽。

这个论点总是让我想起杰克。他是第一代移民的儿子，他知道自己的激情在产品开发上。他本想参与创造一些东西，寻求利用自己创造力的机遇。但是当他毕业时，他还是被诱惑了，他（和他的父母一样）被一份地位高、来钱快的工作（不是研发员）诱惑了。5 年后，他打电话给我，说他感觉被困住了。我们探讨了如何找到一份能让他成为创新者的工作，而对于要做出改变，他感到十分焦虑，这可以理解。他刚刚当了父亲，这也是他焦虑的原因之一。他脑中已经有了多年来父母给他的指导，但真正帮他做出决定的，却是他刚出生的儿子。我问他："当你的儿子要做这样一个关键的决定时，你会对他说什么？你能说，照我说的去做吗？还是照我做的去做？"

从这个角度来看，杰克知道他不会推荐用轮盘赌博的方法，于是他决定让自己的命运转个弯。

论点 4：如果你练就了高超的技能，你的激情也会随之而来

在众多倾向于先学习技能的论点中，最常见的论点之一是激

情来自掌握技能。诚然，有些人可能会逐渐对他们的工作产生激情，尽管他们当初选择那份工作仅仅是为了获得技能，但那是不确定的，通过这种方式找到激情只是一种偶然，而那些人只能说是撞大运了。我并不推崇依靠运气。总之，我完全不同意“找到你的技能，激情会随之而来”这种说法。

苏珊是个成绩优异的高中生。她在学校社区里很活跃，还是一个运动队的队员；她心态良好，严格自律；她在所有科目中都表现出色。在选择继续深造时，她本可以学习许多其他的专业，最终她却选择了会计，只是因为会计是最难申请的专业。（顺便说一句，我一直看到类似的情况，这让我很抓狂。那些真正强大的学生选择申请竞争最激烈的专业，不是因为他们喜欢那个专业，而是因为他们天真地认为，如果某一专业的录取标准是最高的，那么它的就业机会也一定是最好的。）不出所料，她被录取了。在大学里，苏珊仍然是一个勤奋好学的好学生，学习成绩仍然名列前茅。但是当她来看我的时候，她很担心。她告诉我，一年年过去，她觉得集中注意力变得越来越难。

“为什么呢？”我问她。

“我根本不喜欢这个学科啊。”她回答说。

我该告诉这个好学生什么呢？“再加把劲儿，等到某个神奇的日子，你就会感受到掌握这门学科的喜悦！然后……然后你就会喜欢了！”不，我不能说这样的话，那就像是说她的感受不重要，她必须得咬着牙坚持下去一样。如果她真的不喜欢财务分析，就算掌握了它又怎么能得到满足感呢？

我承认，掌控是一种很好的感觉，我们大多数人都享受这种成就感，不管是何种成就：一场打得漂亮的高尔夫球，让我们的球友心生赞叹；一顿做得相当不错的饭菜；一套呈报上去的没有丝毫漏洞的财务报表。所有这些努力都能获得掌控感这一回报。因为最简单的家具维修工作对我而言都是严峻的挑战，所以当我好不容易将一块脱落的墙围成功装上去之后，我感觉备受鼓舞。

但是我们真的要将“我不是个窝囊废”这种感觉和那种有价值的成就所带来的深层满足感相提并论吗？当我们完成我们所喜欢的工作，完成对我们和他人而言都很重要的事情时，那种感觉要远远超过随便掌握什么所带来的力量。（它必须对其他人而言也很重要，不然就很难算得上是你得到回报的工作。）如果你不知道偶然掌握技能带来的乐趣和完成工作的满足感之间的差异，那你一定是还没有亲身体验过后者。

回应论点：你信赖的教授出击了

希望我已经帮你成功地摒弃了那些最常见的观点，现在让我们来看看为什么我认为激情会有保护作用——为什么激情是天气变幻无常的春日里那件额外的衣物。

让我们暂时先回过头来看看那个会计学学生苏珊。当她说“我根本不喜欢这个学科”时，我跟她说了什么？我说她必须努力把自己的才华最大化，要做到这一点，我激励她找到她喜欢的领域。我告诉她要尽她所能，找到一个职业领域，确保她的影响尽可能地深远、广泛。鉴于她有很好的学术能力，我们大可相信那会是一项真正的通向成功的事业。我当然没有告诉她去将就着做她能力范围内的任何工作。

请注意，我并没有让苏珊去争取某个特定的工作或具体的结果。苏珊最终确定她对政策着迷，并决定在加拿大政府里发展事业，因为她觉得她有机会在那儿最大限度地发展和利用她的才能。我无法为她指出那条特定的道路。你看，用机会成本的术语看待一切事物是经济学家的诅咒。问题不在于某个决定是产生消极结果还是积极结果。“投资成功了吗？”“战略起作用了吗？”“工作还可以吗？”“产品畅销吗？”诸如此类的问题在本质上都是有缺陷的。唯一重要的问题是，你是否取得了最好的结果？不只是好的结果或者可以接受的结果，而是最好的结果。你的投资是否获得了最高的报酬？如果没有，那你就失败了。

如果你想知道这个观点与技能第一的方法之间有什么关系，那么答案是：一切。

别误会，技能当然重要，它有自己的一席之地，但是它并不是利用才能的最佳方式——激情才是，激情使获得最高技能成为可能。

变得卓越不凡

我并没有反叛到去辩驳技多不压身这种论断。那么，你应当如何获得技能呢？有两种方式：教育（包括培训）和实践（也被称为经验）。两者都需要努力、纪律和毅力。问题是这是否足够。

对于中级水平的技能，答案是肯定的。但是随着竞争压力的增加，评价员工的标准也提高了……并且会持续提高。结果，每一天不同技能之间的鸿沟都在加深：有些人显然拥有某种技能，可以完成一些工作；还有那些佼佼者，创造卓越成果的人。他们是明星。一次又一次地，我看到了熟练技术人才和卓越技术人才之间的区别。

我们很难确定卓越人才长什么样，因为如果“普通人”是香草味儿的，那么明星就是多种口味的。首先，卓越人才往往知识面更广。他们更广泛地了解包罗万象的主题。他们的阅读面也更广，并且对自己的领域有更多的见解。我在我的学生萨缪尔身上看到了这一点。他在每堂课上都会问一个问题，他的问题总是很棘手，每个问题都关注着内容的不同方面。他总是有一些自己正试图去处理的背景信息。还有梅丽莎，她总是提出挑衅性的问题，这些问题往往会直接挑战我原有的认知。她并不傲慢，只是她的脑海中充满了她正试图整合的背景信息。你会怀疑他们俩都有不凡的才华吗？你会怀疑他们俩会成为卓越的明星吗？

卓越不凡的另一个特点是他们的心理灵活性，他们在不同学科之间以及同一学科的不同方面之间游刃有余。他们还善于在大背景之下看问题，看它们之间的关系和联系。例如，有一次我在课堂上提到古罗马帝国和现代经济政策之后，有两个学生前来要求进一步阐述。他们俩来自不同的专业，都不是学经济学的，其中一个是来自中国的新移民。两人都熟读了古罗马史，并且因为这个共同的兴趣而聚在一起。在我提供了更多的信息之后，他们开始讨论古罗马，其中一个的英语还很吃力。在我离开讲堂时，他们仍在热烈地交谈着。尽管文化和生活经历迥异，他们却志趣相投。他们的共同点远远超出了他们对一个早已消亡的社会的痴迷，那就是他们在彼此身上看到的那种非凡的才华。

派克也是这样的一个学生。有一次他走进我的办公室，问我一个有关劳动力市场的问题。等我们结束谈话时，我们已经思路连贯地讨论了机器人、计算机算法、人工智能、人口统计、政治哲学和国际债务水平。我还用担心他的就业能力，担心他能否进入一个高需求的领域吗？完全不用。

卓越的学生总是会被新的、创造性的东西吸引。他们喜欢新的想法，然后提出各种意见使我应接不暇，例如为什么要改进、如何改进、为什么还没有改进，以及他们自己对新发明的愿景等。他们的思想似乎被调成快进模式了，他们更多地生活在未来，而不是现在。

如果你觉得大多数人显然不像萨缪尔、梅丽莎，或者那些对古罗马特别感兴趣的学生那样卓越不凡，请你三思。如果你觉得大多数人除了商品性的技能外无法拥有更多，请你三思。因为还有一个所有明星都具有的潜在特质。在数以千计的对话中，每个卓越的学生都对讨论的领域有澎湃的激情。我还没有遇到过一个有高超技能，却对自己的战场没有激情的学生。一个也没有。这是我在教了 23 000 名学生之后得出的结论。

激情与创新技能之间的联系是明确的。激情带来的专注之强是努力、自律和坚持所无法匹敌的。激情提供的动力使得思想跨越了学科和主题的边界。我非常希望那次退休晚宴上的女士能够读到这些，因为能让她儿子从地下室搬出来、远离他的快餐的，只有激情。

尖锐的问题，诚实的答案

1. 没有耐心和外在压力，在何种程度上影响了你的职业选择？

2. 你觉得什么样的工作是“安稳”的工作？

3. 你觉得自己并不卓越，也不会变得卓越吗？为什么？

4. 给父母的问题：你希望孩子找一个“安稳”的职业吗？你最后一次真正审视你所相信的“安稳”意味着什么是什么时候？

第3章 用理性找到激情

一直以来，我就同样的问题与不同的学生展开过无数次谈话。我向他们解释为什么只有技能是不够的，为什么激情是必不可少的。往往我们的谈话会走到这一步：我的学生表示“好的，教授，我明白了。我需要对我的工作充满激情。我同意你的意见（至少为了谈话继续下去我也得同意）。但是我完全不知道我的激情在哪里。如果我找不到我的激情所在，又怎么谈得上去追求它呢？”顺便说一句，要记得这一点，对我这么说的不仅仅有年轻人，还有中年人和老年人：无论是受过高等教育的，还是没有受过高等教育的，都这样说过。

这确实是一个很合理的问题。我也同意，如果你不知道自己的激情所在，那你确实无法追求它。

“跟我说说你的一些兴趣吧。”我往往会问。尽管很老套，但是许多年轻人还是会回答“运动”。

“很好，”我说，“你参加比赛吗？”

“不。”

“你是教练或是经理吗？”

“不是。”

“你赌比赛结果吗？”

“偶尔吧。”

我很快就明白，他们的“兴趣”其实就是看着他们最喜欢的球员在电视上追求他们的激情。

女学生那里的回答更加连贯一点。通常她们会告诉我她们喜欢帮助别人，但是她们不做志愿者，不与人合作，除了在餐馆里当服务员之外也没做过其他帮助别人的事情。

看起来，我是不是在老生常谈，谈论一些刻板印象？没错，你的感觉是对的。但是我所讲的都是我看到的、听到的，而这确实就是许多人思考他们命运的方式。

“如果我不知道我的激情在哪里，又怎么去追求它呢？”对于这个最常见的问题，答案其实很简单，但是并不总是那么讨喜：你需要努力去找到你的激情所在。

“但是我一直在寻找啊。”当我建议学生可以更积极时，她坚持说道。

“怎么找的？”我问她。

“我思考啊。”她说。

“哦？怎么思考的？”

“你知道的，”她说，“我就想啊。”

我无意取笑这个学生，她至少在这件事上投入了一些精力，但是她寻找激情的方法似乎就是凝视着太空，等待启示。这也许对夏洛克·福尔摩斯有用，但是对现实世界中的普通人而言可能没有什么用。

还有一位绅士告诉我他通过读书来寻找激情。听起来很不错。“那你都读些什么书呢？”我问道。

“哦，什么都读。”

戴上我的审判帽，我继续追问道：“嗯，但是具体包括些什么呢？”

原来他所说的阅读就是在这里读读博客，到那里读读社交媒体的评论。有时他竟然也会读那种大部头，我向他表示祝贺。但是我还是告诉他，他的努力全然不对路。只读那些碰巧出现在你面前的东西并不是明智的做法，这就好比等着灵感击中你一样。

我一次又一次地发现，这些激情的寻找者无法描述他们寻找的频率、寻找的地点、寻找的策略。说好听点儿，他们的寻找是即兴的、随意的，其实也就是随机的，并没有任何专注或坚持的迹象，也没有任何创造性的暗示。我想把这些人召集到一起，看着他们的眼睛，对他们说：“你们真的相信可以在酒吧或是社交网站主页上找到你们的激情所在吗？”

这一切都是因为似乎有太多人相信《最后的星空战士》这部老电影的广告词：“不是他找到了命运，是命运找到了他。”

所以让我们严肃起来。你在寻找你的命运，你在寻找一生的工作，你在寻找你将要战斗的竞技场，你在寻找通往成就的个人路径，你在寻找才华的发挥途径，你在寻找墓志铭。那就是通向成功的事业的本质。第3章将引领你知晓如何找到它，如果你觉得这并不需要你很专心地去做，那你就大错特错了。不过我向你保证：它是值得的。

不知所措的感觉

要搞清楚激情所在真是太难了，简直不可能。在我和学生展开的所有谈话中，在我和世界各地的人们的通信中，这是他们最常表达的情绪。

我想先从确认一些事开始。没错，这真的是很难。找到激情所在并不是个简单或者直接的过程。它有点儿像找到你的人生伴侣。当然，有些人偶然地撞上了他们的伴侣，再也没有回头，从此过着幸福快乐的生活。他们确实存在，但他们是幸运儿。然而，生活是不公平的，不是每个人都会那么幸运。所以依靠纯粹的运气简直就是向灾难发出邀请。大多数人不得不很努力地寻找自己的道路，他们不得不以一种那些幸运儿永远无法完全理解的方式来赢得自己的道路。的确，对于大多数人来说，这条路曲折而艰辛。但是那又怎样？再说一遍，重要的是它值得。

此外，为什么它这么难，有两个合理的原因可以解释。第一个原因是，就像选择伴侣一样，选择追求一种激情时，你需要倾听你的情绪，同时也要逻辑清楚——但是不要厚此薄彼。第二个原因是，你的激情包含很多种可能。

让我们按类别分析一下第一个原因。一方面，感性的你必须深切关注这项工作。你得尊重感性的你，不要因为你理性的大脑在高速运行，发现凭借在海边冲浪找到工作的可能性微乎其微，就放弃你对冲浪的热爱。另一方面，如果有太多的情感混杂其中也会很麻烦，因为你没有在清晰地思考。当遇到你认为自己喜欢的工作时，你可能会经历一系列的情绪波动。以护理为例，你被它的浪漫色彩迷住，例如想象你自己是弗罗伦斯·南丁格尔，从而与你真正的激情擦肩而过。当涉及一个你确定自己不想要的工作时，类似的感性思考也是存在的，并且是危险的。

感性的激情寻找者会说："哦，我永远也不会成为一名房地产经纪人。那个工作一点儿也不吸引我，我永远也不会去做。"

"好吧，"我回答说，"为什么呢？你知道房地产经纪人每天的生活是什么样的吗？你知道成为一名好的经纪人需要哪些技能吗？他们的背景是什么？为什么？"

感性的激情寻找者不知道这些问题的答案，他们模模糊糊地觉得经纪人就是开着车带着人们四处看房子。他们并没有停下来认真思考那份工作所需要的谈判技巧、人际交往技巧、对复杂市场的理解，以及掌握一栋需要一点点美化的房子的潜力的那种创造力。

"可是教授，"感性的激情寻找者会说，"你总是告诉我们要充满激情。如果想到做房产经纪人时我感觉不到那种火花，难道我不应该听从我的感觉吗？"

这个时候，我往往会翻白眼。这不是在演《罗密欧与朱丽叶》。眼神相遇，世界停止。激情不是瞬间的烟火。当感性的激情寻找者跟我谈什么火花时，我忍不住会想他一定是在用感情做借口，而不去做收集必要信息的工作。所以让我把话说得更直白一些：了解事实！搞清楚你在追求什么，之后如果你还觉得它不适合你，那就作罢。但是至少你在处理所有可用的数据。

正如感性的激情寻找者往往会与他们的激情擦肩而过一样，他们也容易深陷于所谓的激情之中，而无视所有“这可能是种糟糕的契合”的警告信号。谁还没有见过一个处于不正常的关系中，却故意固执地对此视而不见的人呢？“可是我爱他啊。”当你列出了你朋友的伴侣背叛她的所有情况时，她可能会号啕大哭，却仍然如是说。

而另一种极端情况则出现在特别理性的重视逻辑的寻找者身上。重视逻辑的激情寻找者会被困在海量的事实和观察之中，以致忘记自己的目标是被自己的使命点燃的。

“看这些电子表格！”她可能会说，听起来有点儿类似于激情，“很显然，考虑到我的资历、我所擅长的领域、这些技能的市场潜力、晋升率以及教育回报率，我应该当一名软件工程师。”

“但是你爱这份工作吗？”我问她，“你觉得即便你中了彩票，压根不需要工作时，你还会想要这份工作吗？”

重视逻辑的激情寻找者很有可能会与我争论中彩票的概率，但是那显然不是问题的关键，关键是如果她压根不需要薪水，她是否还愿意当一名软件工程师。

答案究竟是什么呢？虽然很难，但是你必须找到情绪和逻辑的平衡点，从而利用它们。利用情绪驱使你寻找，利用逻辑做出你的选择。事实与情感为彼此提供力量，谁也不臣服于对方。

我有两个学生，他们都对政治事务和公共政策很感兴趣，并且都想对世界产生影响。其中一个决定尽快从政。他制订了一套整体方案，从立即竞选市政府职位开始，到进入当地政府最高办公室为止。他将所有的研究都聚焦在赢得选举的机制上，但是他的方案是非常不切实际的，因为它有30年的时间跨度，并且基于未知的基础之上。这就是情绪多、逻辑少的例子。

另外一个学生对公共福利和政策抱有同样强烈的关注，然而阅读近代历史让他认为政治行为都是徒劳的。他向我抱怨道："只不过是无知的政客回应冷漠和无知的选民罢了。"他变得气馁，在愤世嫉俗的无为中寻求庇护。这两个年轻人都让自己屈服于情感，得出了虽然不同，却同样没有帮助的结论。

他们俩都需要冲个冷水澡——逻辑和证据的冷水澡。第一个学生得理解他生活在幻想岛上，而那个愤世嫉俗的学生得理解他自身也是问题的一部分。

最后，我说服他们俩去做功课，去广泛阅读，寻找切实可行的方法来满足他们的政治激情。现在，第一个学生正准备成为一名政治战略家，在幕后工作，可以说，那里才是权力的集中地。第二个学生正在进行数据分析，以增加选民投票率。他们都在追求自己的激情，并且有机会早点儿做出有益的贡献。

让我们再回到寻找激情为什么很难的第二个原因上来：激情包含大量的可能性。我教经济学，所以我比一般人更喜欢数字和概率。事实上，我自认是个数字迷。因此，我透过科学的镜头看到了寻找激情的挑战。有多少种职业？成百上千种，这取决于你如何定义它们。职业的总数已创历史新高。每当一种职业消失，如打字机修理工，就有许多新的职业出现，如网页设计师和电脑动画师。有多少种知识主题你可能会感兴趣呢？数以万计。事实上，它们的数量比你了解的要多得多。

我们的思维会本能地远离对未来的无限展望。所以当他们告诉我他们感到不知所措时，我知道他们是有原因的，不过他们应该停止对自己感到抱歉，而成为我所认为的那种深思熟虑的旅行者。像旅行者探索一座新的城市一样，有一整个世界的想法和职业等着你去探索。像旅行者一样，你必须意识到你不可能探索所有呈现给你的东西。像旅行者一样，你必须规划好你的路线。但是最重要的是，你必须花尽可能多的时间来达到最终的职业目的地。你得接受这趟旅行可能会很漫长这个事实。

诚然，选择太多确实会让人不知所措，但那是件好事！难道相比于选择太多，你会更喜欢选择太少吗？如同一面砖墙将你阻隔于你的梦想城堡之外时，没错，你可能被困住了。但是如果阻挡你道路的是一片郁郁葱葱、环境复杂的森林，那你真正需要的就是一张清晰的地图和优秀的战略，以引领你顺利通过。

第一步：从你所在的地方开始

“我不知道从哪儿开始。”一个年轻人说。“从你所在的地方开始，不然还能从哪里开始呀？”我无可选择地回答。你不可能从你不在的地方开始。“那我该去哪儿呢？”“去你不在的地方。”这段属于电影《星球大战》中的尤达和卢克·天行者的对话道出了许多人在开始自己所谓的职业探索时的随意。因此，应当首先列出一张清单，看看你目前对职业和你的兴趣了解多少。这份清单最开始可能不会有单倍行距的两页纸那么长，但是即便是随意记下几个项目也算是一个开始。从写下你如何度过空闲时间开始。你倾向于读哪些类型的书？你最喜欢和朋友展开什么样的谈话？你选择从什么样的项目开始？

大多数人可以明确一些自己的兴趣，其中很多兴趣并不局限于体育或是帮助他人。但是他们仍然坚持认为兴趣与职业无关。以杰拉德为例，他喜欢填字游戏，但是我花了大半个小时才从他那里问出这个兴趣。

“你以前为什么没提及这点呢？”我问道。

“谁在乎啊？这不是和我的职业没什么关系吗？”他回答说。但是很显然他很在乎，所以当然有关系。

杰拉德正在犯一个毁灭性的错误，这个错误会极大地减少他找到任何真正激情所在的机会。他在我的办公室里谈论他的职业生涯，但是他潜意识里把任何从表面上看与职业导向无关的兴趣都排除在外了。

“你难道看不出来吗？”我问他，“做一个填字游戏的狂热者当然与职业有关。”

杰拉德看上去很困惑。“教授，你是在建议我成为填字游戏的制作者吗？因为我想不出来还有什么其他的可能性。”他几乎难以掩饰他内心的嘲讽。

那么你对填字游戏的兴趣又说明了什么呢？除了写填字游戏之外，这个兴趣还意味着密码破译者这样的职业可能。流行电影《模仿游戏》是以“计算机科学之父”阿兰·图灵的传奇人生改编的，在电影中，图灵就是一个密码破译者，他利用填字游戏破译了对方设施的密码。但是杰拉德还有更多的选择，他可以成为一名计算机安全专家、考古学家、刑事侦查员、语言学家、游戏设计师、玩具设计师、刑事诉讼律师、审计师以及其他种种，很多职业都在我给他列的清单之上。

“我从来没有想过这些。”他说。

杰拉德的兴趣是填字游戏，朱迪的兴趣是写作。但是和其他许多容易盲从的人一样，毕业时，朱迪看了看自己的英语专业，觉得自己应该申请法学院。幸运的是，一位导师在审查了她法学院的申请之后对她说：“你所有的文章都是关于你多么热爱写作的，你是不是可以考虑从事写作这个职业？”

朱迪听了导师的话，她并没有简单地将写作视为一种无关的可能性。她不仅考虑了她的现状，还回顾了她的过去。她回想起她在6岁生日时曾要求买一台打字机作为生日礼物，那样她就可以写小说了。第二年，她写了一本儿童书；四年级的时候，她为她的老师写了一本章节书。她的日记里充满了各种想法和文字。通过回顾过去，审视现在，通过盘点过往的历程，她眼前的道路也变得清晰起来。现在的她不是一位小说家，但是她确实从事了出版业，而且几乎每天都在写作。

可是如果她没有遇到那位导师呢？如果她并没有对过去做认

真的盘点和评估呢？她很有可能像30岁的杰拉德那样，本科毕业之后直接去读了法学院，因为他不知道还能做什么。他不喜欢法学院，但是既然已经开始读了，他想着还是坚持读完吧。如今他成了一名律师，却一点儿也不喜欢自己的工作。不过律师的收入还不错，他也30岁了，感觉自己正处在生活中的一个特殊时期，不能回头去挣更少的钱了。他感觉自己被困住了。

这并不是说杰拉德的故事是个悲剧，毕竟他只有30岁！他还有足够的时间。但是他必须审视现状、回顾过去、寻找串联起他兴趣的点滴线索，并且他必须不盲从，不能根据别人都在干什么来做自己的决定。

盘点、评估过去还有一种完全不同的方式。朱迪意识到自己的兴趣线索是写作，杰拉德并没有停下来思考自己的兴趣线索。我们再来看看戴维。戴维觉得他的兴趣线索是他的弱点。说实话，他的想法也没错。他其实是个标准的懒男孩。他修了刚刚够毕业的学分，一直在努力寻找那种低压力、低负荷的工作，觉得薪水够用就好，这样他就有足够的个人时间去做他想做的事情了，虽然他并没有做很多事情。他觉得自己对这个世界主要的贡献就是做个好父亲，而他也确确实实是个很棒的父亲。

那这有什么问题呢，你也许会问。没有什么问题，除了他并不快乐。他感觉很无聊。在我们的讨论中，他受到启示：他的懒惰也许可以被一个宏大的目的所用。他所需要做的就是找到一个非常重要的问题，搞清楚一个懒人如何解决这个问题。我们在讨论中说到，虽然有反常态，但是懒惰也可以被视为表达了对效率的渴望。我向他提出挑战，让他将可能被一些人视为弱点的懒惰变成追求积极改变的力量。半年之后，他在公司里干了两份不同的工作——记账员和办公室经理，并且通过消除冗余和不必要的步骤将两份工作合二为一。这样就显著节省了成本，他的老板很高兴，戴维也不无聊了。奇怪的是，戴维正致力于成为一名效率专家。这再次说明，激情往往和某一类工作，而非某一具体职业相关。戴维正是利用了他的过去，专注于未来之路。

第二步：停下来

一旦确定了一个或多个已有的兴趣或思路，接下来你会做什么呢？停下来，以防做一些蠢事。有些人不顾一切地寻找他们了不起的激情，以至奋不顾身地跳进在新发现的兴趣中"尝试"事业的陷阱。如果杰拉德在我们关于填字游戏的谈话结束后去从事解密工作，我可能就要生他的气了。相反，发现他对填字游戏的兴趣的价值在于为他继续寻找激情指出了广阔的方向。鉴于可能性的数量之多，这个发现还是很有价值的。但是那绝对不是让他跳下悬崖成为下一个阿兰·图灵的绿灯。

人们总是告诉我他们尝试过这个，尝试过那个，尝试过其他一些选择。他们确保自己给了他们的新工作或学校的新项目一些时间以"让自己喜欢上它们"。这种疯狂版的园丁——到处扔种子，希望某颗种子可以发芽，开出美丽的花——只不过是在吞噬你短暂一生中的宝贵年月罢了。这就是为什么有太多快 40 岁或者刚40岁的人已经干过十几种工作，却仍然在寻找。当然，他们的绝望只会越来越深，在寻求上天赐予的感受激情的权利的同时，他们已经开始将寻找的范围扩大到更为随机的选项了。他们和那些输了钱的赌徒别无二致，只会下更大的赌注，想要把输掉的捞回来。总之，这些杂乱无章的随机游走者给激情带来了很坏的名声。

以贝思妮为例。贝思妮对变化上瘾。她喜欢富于变化的事物，并依冲动行事。头一年她做音乐，为唱片公司工作；转年她就成了好莱坞的经纪人；然后她去了公司，在广告业工作，直到下一项充满激情的事业召唤她。突然有一天，她惊恐地发现，她的许多朋友在事业和生活方面都远远地领先于她。不应该是这样的啊，她心想。她至少应该和他们差不多才对，眼前的现状看起来对她很不公平。

贝思妮受了刺激，决定采取行动。具有讽刺意味的是，她的行动意味着要停下来。她决定待在一个地方，而不是跳来跳去。她付出了很大的努力才做出这个决定，因为她知道持续的努力并不无聊。她不再像那个疯狂的园丁一样四处乱闯，而是采取了深思熟虑和做研究的方法。这肯定不容易。她跟我说她头都疼了，她不得不阻止自己又去尝试一种新方法。幸运的是，她坚持了下来，虽然中间“想走的心”复燃了一次，她还是坚持将工作做到最后，并且取得了成功，这次的工作是音乐制作人。那正是她所需要的：耐心的回报。相比于建议人们要有耐心，让他们享受漫长的耕种季节之后的收获的喜悦更加有效得多。

这听起来是不是太“学术化”了？了解你正在做什么是学术化的吗？获悉有关你生命中最重要的决定的信息是学术化的吗？没错，这就是学术化的。自由奔放、痴迷变化的贝思妮很高兴她选择了这种方式，因为通过持续的努力，她现在已经在寻找激情方面取得了巨大的进展。

对于大多数人而言，停下来就像停止那么简单。如果你因为目前的室内设计工作停滞不前而感到沮丧，觉得有一些类似于房地产的工作开始吸引你的注意，那么赶紧停止。想想你在室内设计领域已经倾你所能了吗？你有没有试过其他可能让事业更加成功的方法？你有和从事室内设计的足够多的人交谈，调查足够多的可能性吗？再好好想想，再等等。

第三步：大样本抽样调查

当完了战略领袖，现在让我来当战术谋士。因为我觉得站在高台上振臂高呼“找到你的梦想”“跟随彩虹”，让大家都激情澎湃、热血沸腾，然后离开，那样是不公平的。我不会那样的，我想留给大家一些切实可行的工具，让大家可以继续前行。经济学家恰好有一套了不起的工具，随手可用。经济学家不会凭借随机的冲动行事，而是会在广阔的领域里进行取样。正如所有的数学家所知道的那样，抽样调查是在大范围内掌控可能性的唯一方法。

这么说虽然听起来有点儿病态，但是你不得不承认，在死之前你都不可能了解所有你可能会感兴趣的话题。所以你能选择的就是：（1）掷骰子；（2）放弃；（3）走经济学家之路，开展有组织的抽样调查。当然，决定权在你，但是我会推荐第三个选项。下面我来说说具体怎么做。

从你已有的兴趣开始，螺旋式向外移动，以寻找更多的兴趣。究竟该怎么做，说起来十分复杂，所以请准备好你的笔记本：

阅读、谈话、分析思考。

你明白了吗？

阅读

阅读，但是不要像我前几页刚刚提到的那位年轻人那样，只读那些碰巧出现在你生命中的书。把我前面提到的方法当作你的指导，通过许多不同的来源，围绕不同的主题进行阅读。阅读的材料不限，可以是行业书籍、教科书、小说、非小说、论文、杂志、博客、海报、博物馆和画廊展示、报纸、新闻聚合器、会议论文、广告软文等。

我们举个例子，比如你发现的兴趣是美食。那你就应该阅读美国顶级美食杂志《*Bon Appétit*》，订阅美食博客，阅读安东尼·波登[①]的回忆录，阅读《巧克力情人》。都完成了？很好。现在，把自己推出你螺旋的中心。你对烹饪所提供的创造力感兴趣吗？那就读读分子美食学方面的知识。（不知道这是什么？那就对了，所以需要阅读，了解烹饪是如何被奇特而又科学地呈现出来

---

① “探索”（Discovery）旅游生活频道《波登不设限》美食探险节目主持人、纽约知名法式餐厅“中央市场”（Les Halles）行政主厨。——译者注

的。）你会不会对食品方面的业务感兴趣呢？读读餐厅和食品行业的杂志。或许你对食物与我们之间的历史渊源感兴趣，那就阅读类似于《万用之物：盐的故事》以及《较少的兽性：谦卑的猪从鼻子到尾巴的历史》（*Lesser Beasts: A Snout-to-Tail History of the Humble Pig*）的书籍。阅读的目的是看看你是越来越感兴趣，还是开始感到厌烦。如果你的反应是后者，那么美食可能并不是你的激情所在。让我再给你举个例子。弗雷德读到一篇关于一个采矿新发现的地质学新闻文章，其中的一个事实让他着迷：一处巨大的矿藏竟然是亿万年前流星撞击的结果。那你也许会问，这和事业有什么关系呢？其实有很大关系。弗雷德现在经营着一家以地质学为主题的旅游景点。

接下来我的建议可能会让你大吃一惊：如果某个主题让你觉得很有意思，想阅读了解更多，先不要这样做。目前的目标是取样调查，而不是深度阅读。每次选择阅读了解的主题和话题都应该离上一个更远。远处近处都得搜寻，你才有可能找得到宝藏。你每读到的一个东西要不就比上一个有意思，要不就没有上一个有意思。你在试探、摸索、衡量你对该事物的感兴趣程度。所以，当你觉得有关天文学的阅读越来越有趣时，你会发现天体物理学更有意思。事实上，天文学已经可以算得上是激情所在了，但是你发现你更爱的是天体物理学。通过广泛阅读，通过阻止自己阅读更多的天文学文章，你才不会被误导以为天文学就是你的命运之所。通过最大限度地拓宽阅读面，你可以增加找到更多兴趣甚至激情的可能性，最终你会发现其中的一个是你压倒其他一切的激情。

在任何情况下，都不要模仿搜索引擎的行为。搜索引擎会说：如果你对这个感兴趣，那么你可能也会对这个感兴趣！大家都知道，一旦我们在网上搜索了玩具，就会不断地收到各种有关儿童产品的广告。这些搜索引擎其实冻结了你的兴趣，它为的是更容易推销给你产品，直到你厌烦了，关上电脑，出去散步。在我们的大规模抽样调查中，你是努力找到某样东西，而不是给自己推销什么东西。如果你坚守自己熟悉的领地，只阅读、探索相关的领域，那么其实你是在向自己推销你已经深思熟虑的错觉。

很多人不止一次地告诉我，一本书、一篇新闻特写或是一本杂志中的某篇文章如何改变了某人的生活轨迹。有人曾跟我谈起他读过一篇一个飞行员写的有关飞行的乐趣的故事。值得赞扬的是，他不断阅读、探索不同的途径，但是他的思想总能会回到飞行的快乐上。现在他明白了，他有比较的基础。相比于他考虑过的许多其他事业，飞行对他的吸引力最大，所以他可以成为一名飞行员，并且他很有信心地继续为成为一名飞行员而努力。

我还认识一个人，他在浏览商业新闻时碰巧看到一篇有关破产程序的文章。开始时他只是觉得有趣，随着更加深入的阅读和交流，他发现这个领域更加引人入胜。也许你会问，谁会觉得在一个已死的企业里挑骨头有意思呢？他就觉得有意思。他了解到回收利用一些资产可以挽救一些工作和生命。他了解到破产给了企业家第二次机会，同时也是信贷流动的一个重要环节。这些都是让他感兴趣的动机。

你觉得他看到那篇文章是因为他很幸运吗？也许吧。又或许真正的原因是他已经很广泛、很贪婪地阅读了近两年。最初的时候他阅读的是一般的商业问题，他发现商业话题普遍让他感兴趣。但是商业毕竟是一个非常广阔的领域，所以他又阅读了业务流程，阅读了作为一种企业管理工具的会计业务，阅读了影响业务的法规。最后这一项带领他走向破产这个领域，他终于找到了自己的激情。

对话

同理，你应该和那些兴趣广泛、经验丰富、背景多元的人对话。我这样说是因为我自己的丰富阅历——我认为自己之所以能够提供指导，唯一的原因是我的学生教给我的远比我教给他们的多。他们教会了我人类成就的惊人的多样性；他们教会了我什么管用，什么不管用。不管你在通常情况下是不是老师，永远保持学生之心，你学到的东西都会让你惊叹不已。

如果你和我的情况不同，不像我一样似乎总有一大批本科生在你的办公室转来转去，你可能首先想知道怎么找到谈话的人。这不是问题。看看就行了。看看你的学校、工作场所、社区中心、乡村集市、展览会、公众会议，或者任何共同兴趣团体，真实的、虚拟的都可以。接触陌生人容易吗？不容易，有时候有些人就是混蛋，但是那又怎样？重新下定决心，再看远一点儿。我敢打赌，大多数人会因为有人对他们的职业故事感兴趣而感到受宠若惊。谁不爱谈论自己呢？

和阅读一样，不要只顾着看离家近的地方，但是也不要忽视离家近的地方。与你的家人、朋友聊一聊，至少他们是你所能接近的。

我经常听人说："我是和我的家人以及朋友们谈过，可是他们也不比我知道的更多"。

"他们的经验已经过时了，"有的学生会说，"我想看到我的未来，而不是别人的过去。"

作为一个谦卑的加拿大人，我由衷地向你们表示歉意，但是那些借口很是荒谬。如果你的家人和朋友比你年长，或者他们的经历与你不同，那么他们在有些地方就是比你知道的更多。有请下一个借口。

这整本书都是直接基于过去的经验写成的，这些经验来自大量的人，其中一些还是很多年以前的人。这也正说明了一点：确认你激情的同一个策略已经被用了很多年，很可能还会被用上很多年。我曾一次又一次地被告知，一次对话如何打开了职业发展机会的闸门；我曾一次又一次地被告知，一次对话如何改变了一个人的一生。

或许问题并不在于有没有和家人或朋友对话，而在于对话的方式和内容。一次富有成效的对话不应该是你抱怨寻找激情的挫折：抱怨别人的幸运，或者只是唉声叹气。一次富有成效的谈话也不包括问一些"你觉得我该做什么"这样宽泛模糊的问题。相反，你应该多问问他们的情况、问问他们的兴趣、问问他们是如何找到激情的。我向你保证，这肯定有用。

一个名叫本的年轻人在寻找激情的过程中十分沮丧，后来他遇到了一个非常热爱工作的人。在本短暂的一生中，那还是第一次，在此之前，他从未遇到过任何一个热爱自己工作的人。本认识的所有人——他的家人和朋友，都只是将工作视为赚钱的一种方式而已，就是你没有中彩票时做的事情。但是如果你不得不工作，那么你的最终目标就是保全一份待遇优厚的工作，以便你可以尽早退休。本的父母是这样的，本的祖父母也是这样的。

但是有一天，本遇到了他父亲的一位朋友，他是一位木匠。本犯了一个错误，他问木匠的工作是否辛苦。很显然，那位木匠认为这是个糟糕的问题，几乎发表了一场慷慨激昂的演讲，大谈特谈木工技艺的灿烂辉煌。他抚摸着旁边一张桌子的抛光面，让本也像他一样抚摸。他大声地说，工作辛不辛苦不重要，重要的是它能不能充实你的灵魂。本心里一惊。此前，他从未考虑过寻找激情，但是和木匠的对话改变了他的主意。本自己对木工行业并不感兴趣，但是他希望得到那位木匠眼中闪烁的光芒。本开始寻找自己的激情；他想象着有一天，他也可以像那位木匠一样，很有底气地驳斥工作辛不辛苦那样的问题。

再来看塔米的例子。塔米遇到了一位葬礼主管，明白了从生命中体面地退出既是一种重申，也是悲伤的重要释放点。她在上护理学校，总是忍不住回想她和那位葬礼主管的对话。她并不想成为一位葬礼主管，但是在此之前，她从未真正理解那份工作的前景和意义。那次对话让她丰富了护理的方式，也让她更加关注安养院和临终关怀这个领域，因为她看到在这个领域里，她可以对一个即将失去亲人的家庭产生影响，并可能将它变得更有意义。

如果你很害羞，想到要与陌生人对话你就害怕，那么我不得不告诉你的第一件事就是，要想成功，你就必须克服你的胆怯。第二件事是，在没人可以交谈的情况下，你必须阅读，看看别人是如何找到属于自己的道路的。你不必怀揣任何政治抱负，去从戴维·麦库卢所著的传记《杜鲁门》中寻找价值；也不必信奉任何宗教信仰，去从特蕾莎修女的回忆录中获得洞察力。你只需要读读别人是如何找到前进道路的，从那些改变了世界的人物的例子中获益。

分析思考

你不能把自己局限在阅读或者对话上，你还必须得保持头脑高速运转。你必须充分参与，有目的地阅读和对话。对于手边的任何书、事实、论点或人物，你必须不停地问自己这些问题：为什么？他们为什么这么做？他们如果那样做了呢？他们如果做了完全不同的事情呢？为什么他们现在不做别的事情呢？如果这些问题的答案来得很快，那么你的激情可能就潜伏在附近。但是你必须把这些问题摆在你的脑海中。没错，这很激烈。无论大家的教育背景如何，很少有人是批判性思维的专家。

只是浏览网页，你永远也无法找到激情。要看到“搜索”“浏览”这些词以及我们这个急躁的、轻率的世界所隐含的肤浅。你必须在流行文化的浪潮中逆流而上才能找到激情，而这绝非易事。

以亚历克斯为例。亚历克斯是一个富裕家庭的享有优先权的继承人，他们家的几代人都通过资源开采业务创造财富。他们知道未来他们必须做出巨大的改变。他们希望下一代继续引领21世纪。但是亚历克斯的家人很有智慧，他们让他自己摸索前行的道路，只要他深思熟虑，在发挥自己的才能，就全力支持他的职业目标。不过，他们确实做过暗示，希望亚历克斯能投身于家族企业。对于亚历克斯而言，问题在于他将掌控的财富过于庞大，这让他害怕。他想有效地使用它，但是又感觉自己被家族利益和自己的利益撕扯着。具有讽刺意味的是，他家人的支持让事情更加难办。如果他们朝一个方向推他，他会反抗，做相反的事情，现在他不得不自己决定。这种情况和其他许多情况一样，我们的讨论涉及许多的可能性以及它们的排序问题。它实际上是一个战略性的掌控的探讨。当他也那么看，将自己视为一名指挥家时，他的第一步至关重要。他会加入家族企业，但是他很清楚，在那之前，他想先为别人工作，学习一些对他将来在家族企业里的工作有益的技能，同时也从员工的角度获得一些经验。他设定了目标，安排了时间表，告知了家人他的想法。这个例子说明，分析思考很有用，即便对富人来说也是如此。

大样本抽样调查是我工具箱里最有价值的工具，但是很多人会想要更多的工具。他们想要测试、课程、检查表或者其他技术，以帮助他们确认自己的兴趣。这样的工具有很多，有一些显然是可信的，它们有研究的支持，但是另一些则不是。

这些工具中的许多种都可能是非常有用的，但是它们应当被视为研究的一个步骤，而不是捷径。我再次强调，不要一看到一个结果将你指向金融领域的职业，就赶紧报名参加会计课程的学习。这样做就和服用减肥药一样，它可能让你觉得你掌控了局面，但是它并不是一个持久的解决方案。阅读、对话、分析思考这些艰苦的工作是你必须要做的。大样本抽样调查的工作很重要，你必须得做。

因此，对于那些额外的工具，你只需将它们视作帮助你做艰苦工作的助手。它们可以为你的持续探索增加起点，可以降低你错过一个可能富有成效的调查的风险。所以如果你愿意，可以尝试几个工具，但是要保证它们是得到了研究支持的。要永远记住，没有工具可以告诉你你的兴趣是什么。工具只能告诉你你的兴趣可能是什么。找到激情这件事太重要，你不能依赖于自动化的计算，没有什么可以代替你自己的辛勤工作和研究。

第四步：认识你的激情（与兴趣）

想象一下，一个男人想向他已经交往了数年的女朋友求婚。他将她带到一个美丽的悬崖边，俯瞰大海。他们野餐，喝了香槟，正当她站起身来掸掉衬衣上的一些碎屑时，他单膝下跪。“亲爱的，”他说，“和你在一起的这些年里我们都和谐相处，没有争执。我觉得我们很和谐，你也很有趣。我觉得我们应该共度余生，如果你愿意嫁给我的话。”

哦，这个可怜的男人。即便他足够幸运，没有被他的女朋友推下悬崖，至少他也会被她抛弃。这可能是个明智之举，因为很显然他并没有疯狂地爱她，他只是对她感兴趣而已。

激情的法则很简单：我们的头脑不能停止思考它所爱的东西。有一刻你正在阅读，希望找到一个自己非常感兴趣的话题，下一刻你就发现你阅读得不想停下来。这种感觉就好像你根本停不下来似的。又或者你本来在进行一场普通的谈话，然后就发现自己开始兴奋地讨论某个想法或可能性。再或者你发现自己在进行某项活动，完全忘记了时间。那时，你就进入了很多作家所说的“心流”或者“天才区”的境界。

对有些人而言，这种意识是突然出现的，但是它并不是魔法，而是当经验达到某个临界值时，这种意识就突然冒了出来，合并成完整的、令人信服的愿景。（揭示这件神奇的事情中的所有魔法这事儿就让经济学家去做吧，对吧？）对于其他人而言，这种意识是一个缓慢的过程，每块拼图都单独出现，直到整个图案显现出来。

如果你很难确定你的兴趣究竟是不是激情，那你可以想想那个求婚的故事。也就是说，假设你的兴趣是一个人，那你准备怎么求婚呢？你也可以仔细看看围绕在你兴趣周围的问题。你为它们着迷吗？例如，我对生物学感兴趣，生物系统的复杂性和相互作用让我惊叹不已，但是我对探索生物奥秘丝毫没有兴趣。并不是说我没有足够的知识储备去做这件事，事实是，我压根儿不想去学习做这件事。这就将我们引向激情的另外一个标志：教师的规则。

老师知道最优秀的学生学习起来很容易，因为他们喜欢那个科目。“容易”并不意味着很快，“容易”也并不意味着没有挫折和错误。“容易”意味着这些学生有动力去寻找答案，去克服出现的任何问题。他们学习这些科目是因为他们就是想学。

但是对于这门课程，如果没有学习的激情，那就没有任何激情可言。所以测试一下你自己。一旦你找到了可能是激情的兴趣，就找一本入门级的教科书，看看你愿不愿意教自己一些东西。（是的，我想这就是你希望教授所建议的，但是它也的确真实有效。）

第五步：继续寻找

如果你已经确定了一种激情，那就先不要急着担心它是不是或者会不会成为一项事业。现在考虑这个问题还为时过早。当一个兴趣足以或者貌似足以成为一种激情时，先把它放在一边，继续寻找另一种激情。

此时此刻，你可能觉得我不讲道理。但仅仅是找到了你的爱，并不意味着你已经找到了你的最爱。你可能因为缺少耐心而与你的至爱擦肩而过。所以继续寻找，让命运的天平更倾向你这一边。正如那个人被飞行员关于飞行的文章迷住并最终回到飞行这个激情上一样，你也会回到你真正的激情的。到时候你就会更加确信那就是正确的事业。还记得朱迪吗？那个原计划成为律师却最终成为作家的女孩？在确定了自己的激情之后，她走了一些弯路。当出版业的工作并不好找时，她涉足了公共卫生行业并尝试了社会工作。但是最终她还是回到了写作上，并且比以往更加坚信，尽管通往自己真爱的道路可能充满挑战，但是那是她的最爱。

太多激情

“教授，我觉得我不管是成为下一个爱因斯坦还是成为下一个贝多芬，我都同样开心。”男孩那么说的时候，很显然忧心忡忡。

“很好啊！”我回答说。有多种激情很棒，这不应该是一项让人焦虑的缺点才对。然而这个年轻人认为这是一种困境，并且并不是他一个人这么想。我想说，有多种激情会被认为是个问题的唯一原因是，我们生活在一个缺乏想象力的、直线型的世界里。在我们生活的这个世界里，我们要清点我们做过的每一件事。

设想一下，如果不是列出几点，而是可以写一个完整的段落来解释你的工作呢？这并不是这个世界要求你做的，而是你应该做的。那些足够幸运，可以拥有多种激情的人应该试着将尽可能多的激情融入一项综合的事业之中。比如说，我就认识一些在娱乐行业工作的工程师，他们通过不同寻常的方式运用他们的工程专业知识。正如我在引言中所提到的，我自己也是一个例子。我教书，没错，但是我同时也是一个经济学家——经济学是我的另一项至爱。我对技术充满激情，所以我给学生的技术企业提供咨询和建议。我已经开辟了自己的道路，最大限度地将我最喜欢的东西融入我的工作中。尽管我为此付出了很大的努力，并且这么做也需要一定的创造力，但是我并没有做任何其他人做不到的事情。如果你能摆脱常规的限制——关键是不要有必须划掉某项兴趣的感觉——那么你就可以将几项激情结合起来，开创你想要的事业。（关于这个问题我将在第 12 章进一步深入讨论。）

还有一些人搞不清楚哪些激情应该是他们生活的基础，哪些激情应该是个人的乐趣所在。例如，一位中年律师的每个冬季的周末都在滑雪中度过，无一例外。每到11月天气变冷的时候，她就开始着迷似的翻阅滑雪报道，看看有没有降雪的迹象。这是不是意味着她不应该当律师了，而应该当一名滑雪巡逻员？

当然不是了。这里的问题是她是为周末而活还是喜欢她的工作。就她的情况而言，她热爱自己的工作，滑雪完美地融入了她的生活。她是个多面人，过着充实的生活，我没有什么可以再锦上添花给她推荐的了。

多长时间?

“我对什么都感兴趣——但是只能坚持一阵儿，”萨莫写道，“有时候我甚至会对一些事物痴迷——但是也只有一阵儿。然后我就感到无聊了。或许我的性格类型就是那种没法找到属于事业的激情的。或许你现在向那些死气沉沉的大众所宣讲的，是只有很少的一部分人所能够做到的（找到激情）。”

“我的激情不是很具体，”芭芭拉写道，“当我开始在不同的领域创造事物或解决问题时，我常常会感到兴奋。我觉得‘创造’和‘学习’这些模糊的感觉将决定我会做什么。我觉得如果我努力把创造和学习结合起来，我会爱上出现在我面前的任何一份工作，但是我不知道……现在我不得不寻找我要做的事情，并且我不得不克服所有这些来自外部和内部的声音，它们不断地告诉我‘停下来，安定下来’。”

我已经听过无数次这样的问题了，当然还有其他的问题，例如：对兴趣的寻找要持续多久？什么时候停下来——当你有了足够多的激情去选择你的最爱的时候吗？如果你能找到的只有兴趣，而没有真正的激情，你会停止寻找吗？你什么时候才会在一项以兴趣而非激情为基础的事业上将就下去？

这些都是有意义的问题，我也确实有答案。但是我们首先得认识到一点，那就是我们的头脑中有一个自然倾向，也就是通过仓促下判断来解决让人痛苦的不确定性，有时候这个判断甚至是该放弃的。要意识到自己的偏见，认识到你的大脑可能会与你对抗，与你的耐心对抗。

我不认为有哪种性格类型的人会无法找到一种持续的激情。与萨莫认为的我在面向那些“死气沉沉的大众”演讲相反，过去30年里我教过的23 000名学生证明，他们中的大多数都能够找到他们的激情。原因很简单，我见证过了。我的猜测是萨莫周围都是那些看上去被工作累垮了的人，所以在她看来，你必须非常出色，得到了上帝的保佑，才能够享受自己的工作。但是我知道事实并非如此。

我知道是因为我曾见证一小群人发现自己的激情。他们发现激情的领域各不相同。有些人在深奥的领域里发现了激情，有些人的激情则在手工劳动的领域中；有些人的激情在那些对精确性要求最高的领域里，有些人的激情在艺术性很强的领域里；有些人热爱独自工作，有些人则在很庞大的团队里工作。他们背景各异，有移民也有当地人，有富人也有几乎连租金都付不起的人。各种性格类型的人都有。有些人害羞，有些人很吵闹；有些人自信到咄咄逼人，有些人似乎总是担心害怕。唯一将他们聚集起来的是他们的激情。找到自己的激情并不需要天赋异禀，激情也不是只留给少数人的。但是我还是要说，大多数人找到激情都是因为搜寻得法，并且怀着实现自己目标的决心。

从某种意义上说，是的，对于你应该寻找多长时间，你的大样本抽样调查应该有多宽泛这样的问题，确实有一个限制。不过就像总是有个判断在呼唤你去做一样，也总会有一些基准来指导你。

首先，这个决定受你年龄的影响。如果你还年轻，那么你还可以奢侈地多寻找一些时间，甚至是几年。如果你年长一些，那么你需要早点儿停下来，但是至少也要寻找一年。这是否意味着你要把所有醒着的时间都投入激情的寻找之中呢？并非如此。这就是为什么说关键的决定因素不是寻找的长度，而是寻找的强度。如果你在上学或是在工作，那么可能大多数时候你每天只有一两个小时来寻找激情。以那样的强度，一年全面的搜索应该能涵盖很多领域，而且成功的可能性很高。但在那种强度下寻找两年会有更好的效果。（这样的话你就不会觉得我是个在下达不可能完成的任务的工头，因为很显然并不是每个人都能每天花上好几个小时去寻找激情，例如孩子尚且年幼的父母可能行动得要慢得多。）如果在这些时间里你发现了至少一两种强烈的兴趣或者激情，那么你就会知道你的大样本抽样调查成功了。

然而，“你应该寻找多长时间”这个问题本身就具有误导性。它是战术问题，而非战略问题。如果你还年轻，在你的生活要求你从事某种工作之前，大可以想寻找多久就寻找多久。但是即便是工作了也不意味着你就必须停止寻找，只不过你的寻找会不再那么连贯，而是断断续续。

每个人的人生路径都不同，很多情形都可能会让我们走一些弯路。生病或者照顾生病的家人会分散我们的时间和注意力。寻找人生的另一半也需要耗费大量的心血，以至于事业都会淡出一段时间。人生中偶然的事故当然也会让兴趣和事业激情的寻找搁浅。有些人可能会发现自己在没有一个明确的兴趣或者激情的情况下结婚了或“为谋生而工作”，这也是可以理解的。但是那并不是放弃寻找的理由。在这些情况下，你可能无法积极或者连贯地寻找，但是你还是能够在你可以抽出的时间、以你可以采取的方式继续寻找。

亚力克是个薪酬很高的机械师，但是他感到特别无聊。每天晚上他都向妻子抱怨他的工作单调乏味。最后，他的妻子告诉他，要么停止抱怨，要么针对自己不满的事做些什么。（感谢他的妻子，知道什么时候该提供支持，什么时候该敲响警钟。）因此，亚力克上了夜校，学习文学，并且惊讶地发现自己做得很好。6 年后，他离自己当初的起点已经很远了——他在一所私立高中教英语，并且再快乐不过了。

芙洛拉高中就辍学了，换了一个又一个吃力不讨好的工作。芙洛拉是一个单身母亲，通过当行政助理来勉强支付各种生活费用。但是她是一个战士，一个安静的、稳重的女人，她觉得自己应该得到更好的。她尝试、阅读、与家人朋友谈心，了解他们是如何找到人生之路的。后来她终于找到了一份工作，一份配得上她的才华和兴趣，一份几乎完美地融合了她的兴趣、性格和才干的工作。最终，她成了一名兽医技术员，整天与她喜爱的动物一起，充分发挥了她的经验和人际交往能力。她十分快乐，也为她的孩子树立了一个难得的榜样。

所以你要寻找多久？在寻找激情的道路上，你该寻找多久，就寻找多久。只要你没有放弃寻找，你的才华就至少还有希望在明天找到它真正的家。

更重要的是，一旦你找到了它，实现了它，就要随时准备接受变化。你在变化，世界也在变化。优先事项会发生变化，新的机遇和危机随时可能出现。虽然你必须追求激情以实现自己的才能，但你也同样需要保持警惕，应对变化。换句话说，只要你做得对，寻找就永远不会结束。

尖锐的问题，诚实的答案

1. 盘点一下你至今的各种兴趣，你看到了什么模式吗？

2. 情感在多大程度上影响了你的职业选择？逻辑呢？二者之间达到了健康的平衡吗？

3. 如果你中了彩票，无须工作，你还想做你现在正在做的事情吗？

第 4 章 停止犯错

投资的第一条原则是：不要亏钱。与之相似，职业生涯的第一条原则是：停止犯错误。所以让我们来看看人们发现自己的激情后最常犯的 7 个错误。大多数提供职业咨询的人都会试图用一种鼓舞人心的口吻来给人们造成冲击，却往往不愿花太多时间谈论出现了什么问题。虽然我也想提供乐观的信息，但是我更想告诉你如何成就一番通向成功的事业，而不仅仅是鼓励你这样做。

这就是为什么我在第 4 章中会以近乎冷血的态度看待错误，因为你需要知道哪些事情是不能做的。没错，要想拥有一项通向成功的事业，你就必须采取很多积极主动的步骤，首先你必须打破常规，跳出惯常思维。

错误 1：你的激情越界到危险的痴迷状态了吗？

可以肯定的是，激情与情感有关，它本应如此。情感，从它的定义来看，可以使人们行动起来，但是情感往往是思想的敌人。

我们来看看杰森的例子。杰森是一个充满激情的玩家，年轻时便接触到电脑游戏，并且像许多其他年轻人一样被深深地迷住了。与其他年轻人不同的是，杰森拥有真正的激情，而不仅仅是沉迷于游戏带来的冲击。他对电脑游戏的各个方面都十分着迷：它的技术、故事情节、历史、创意以及商业潜力等。然后他制订了一个计划，想要成为这个行业的重要一分子。他接受了相关教育，从而在一家信誉良好的公司谋得了技术开发的工作。

问题是，他越是沉浸于自己的工作之中，其他的事情就越是从他的脑海中消失。游戏成了他的整个世界。他的朋友圈急剧缩水，里面只剩下那些与他同样痴迷于游戏的玩家，而那些充满激情的玩家让自己陷入了近乎痴迷的状态。如果你问杰森游戏以外的任何事情，他只会茫然地看着你，接不上话。例如谈话的主题是电影，那么他所能谈论的只有哪个游戏可以被做成一部好电影。自然而然地，他越来越被孤立了。

随后，他的事业也每况愈下。杰森已经意识到他的技术角色还没有发展到可以让他输入任何具有创造性的数据，或者输入任何性质的数据的程度——他只是按照吩咐进行编码，仅此而已。即使他向上司提出建议，也往往没有任何结果，这不足为奇，因为他们不想和他进行长时间的谈话。即便是在他的同事中，杰森也只被认为是热衷于游戏的顶尖高手，除此之外，再无其他。谁知道他的想法好不好呢？它们从未被测试过。杰森对此表示不满，但是他的不满很快就无关紧要了，因为他被解雇了。游戏市场竞争激烈，公司游戏销售疲软，杰森被裁员了。他是第一批被解雇的员工，因为他的价值只是编码，如果销售回升，很容易找到人替代他。

杰森的激情那么强烈、那么真挚，他不禁感到迷惑。难道激情不是事业成功的关键因素吗？他有哪件事做得不对吗？你也许以为他知道自己错在哪儿了，但是当我们展开对话时，他还是在不停地说他多么热爱自己的工作和游戏这个产业，为什么其他人就看不出来他的想法有多酷呢？

我想说我帮了他，但是我没有。杰森不愿意承认他犯了任何错误，他只是认为他必须继续更加努力才行。这些日子，杰森仍然在游戏公司的基层工作，从一个初级职位换到另一个初级职位，希望找到自己满意的工作。虽然我帮不了杰森，但或许杰森的例子可以帮助到你。

杰森让他的激情统治着自己的思想。他忘记了思考，忘记了制订一个计划，忘记了发现自己与众不同的地方。激情无疑是一个强大的激励因素，但是就像被游戏玩家所钟爱的暴龙一样，它必须被有效地控制着。勒紧缰绳，你的激情可以带领你开疆辟地；否则，你的暴龙可能会把你烧成灰烬。

错误 2：你在把激情当作借口吗？

玛莎的激情使她走向多个方向。玛莎是一个好奇心非常重的人，正如她告诉我的那样，她是个天生就充满激情的人，对很多事情都感兴趣。玛莎还很聪明，博览群书，受过良好的教育。因此，她可以清晰地说明自己的多种激情，告诉你为何那些激情对于她和社会而言都很重要，并且她的论点几乎都很有说服力。此外，她还拥有多项技能，这使她得到了各种就业机会。对于这样的一个人，还可能会出什么问题呢？

不幸的是，像杰森一样，玛莎在精神状态上缺乏纪律性。她往往会满怀激情地开始一份工作，并且不出意料地给老板留下深刻的印象，但是这种情况只能持续几个月，然后突然她的阅读和兴趣就让她在一个新的方向上找到了新的激情，她又开始几乎不停地思考，这导致她严重分心，日常工作表现也随之变差。

就这样，她对自己目前的工作也开始产生不满，并且认为原来她对这份工作的热情并不如她想象的那么强烈。但是没关系，因为她有了“更好”的激情，然后她就去找另外一份工作。以她的技能，她很快就找到了。但是同样的事情再次发生，因为新的激情又取代了第二种激情，如此循环往复。当然，她的工作经历看起来开始有些可疑了。玛莎不明白了，为什么像她一样拥有如此多真正激情的人，事业上却始终没有起色。

“记住，一项通向成功的事业需要有影响力，”我告诉她，“要想让你的激情产生影响，你必须选择一种坚持下去。”

“教授，您是在要求我放弃我的激情吗？”她问，咧开嘴露出一个“明白了”的微笑。她以为她使我陷入了自我矛盾之中。

玛莎没这么走运。因为激情对于一项通向成功的事业而言固然是必不可少的，却并不是充分条件。

我的学生艾略特犯了同样的错误。他坚信自己可以完全依靠激情度日，所以他计划追随激情、追求梦想。那才是最重要的事情，其他一切都只是微不足道的细节而已，因此他的激情成了他的保护伞。他喜欢绿色建筑及其设计，所以他招募了一名合伙人，决定开始建造绿色建筑。他耐心地倾听像我这样的分析提问者的意见，却用稀奇古怪的办法绕开了所有实际的问题。在他看来，很显然政府会为他提供资金援助，很显然他可以很快通过安全性测试的标准期，这些都不是问题。

话说回来，艾略特聪明且博学，他不是妄想症患者。但是他过分沉迷于自己的想法，对任何反对意见都充耳不闻。当他的计划泡汤时，他觉得打击太大，难以承受。

艾略特和玛莎从自己的惨痛经历中学到的教训就是，激情并不是不动脑子的理由。如果你在寻找一个容易实现的简单答案（激情就是我所需要的一切），那么你就不是在寻找一个真正有效的答案。但是如果你要寻找一个比较全面并且真正有效的答案，那么请继续阅读。

错误 3：你是否忽视了你的功课？

对于那些对自己的激情有所规划的人而言，折磨他们的最常见的错误是他们完全没有做功课。许多人也许有一种致力于去追求的明确的激情，却仍然像杰森、玛莎和艾略特一样，将激情视为盾牌，好像激情可以保护他们避免做糟糕的决定，所以这些鲁莽的灵魂在没有可行计划的情况下便贸然行动。

哈利的激情得到了进一步的强化和明确。开始时他对科学有广泛的兴趣，然后逐步缩小到生物学，最后聚焦在分子生物学。为了继续前进，他需要一个硕士学位，他也很渴望完成课程，因为这将使他能够在一个让他着迷的重要领域进行研究。到此时为止，一切看起来都挺好。

我们讨论了他正在考虑的研究生课程。我强烈建议他在可行的情况下，去各所学校考察一下，确保他选到最适合自己的学校。但是他很忙，甚至连两个小时车程以内的学校都没有时间去考察。后来我建议他，查查他可能与之合作的研究人员的发表记录，那些记录在网上都查得到。

“我查过了，”他说，“所有的研究人员都在我的领域发表过成果。”

“很好。他们发表的成果与你的方向相关吗？你感兴趣吗？”

“我没有看太多细节，”他说，“那些学校都是大学校，我相信一定会有一些与我想做的领域相关的东西。”

“那似乎是很大的风险啊，哈利。”我说。因为他并不知道究竟会有什么相关的研究成果，他只是在假设而已。

他看上去很困惑，还有点儿生气。“不过我是在追随我真正的激情啊，”他说，“这会奏效的。”我们结束谈话时，他可能觉得我不太支持他，或者故意和他对着干似的。

不幸的是，可怜的哈利最终跟了他所选择的学校里的一位导师，在一个他并不特别感兴趣的领域里进行研究。他在研究生院获得的只不过是一个可信的学位，还有对他的就业而言毫无价值的研究经验。事实上，他所做的研究太保守了，远远不足以反映他的激情。哈里发现自己正处于一架很高的梯子上的最底层。相比之下，他的一个同辈，一个连专业都由父母帮着选的无趣的工作狂，现在也已经比哈利高了好几级。

当我再次见到哈利时，他已经做好了倾听的准备。幸运的是，尽管他的激情受到了打击，但它还是完好无损的（当事业偏离正轨时，情况并非总能如此）。我们讨论了帮他恢复干劲的方法，以及帮助他实现自己目标的有效战术。但是他不得不重新开始。

我的另一个学生桑迪也来找我，因为她想将本科学习的重点转移到熟练技工行业。她喜欢亲自动手的工作，那种坐在一个专业工作场所的办公桌前的工作跟她学生时代的经历过于相似，她知道那不是她的菜。她的选择是经过了充分论证的，她应该可以找到既让她满意、薪酬又高的工作。和哈利一样，到此时为止，一切看起来都挺好。

然后她就开始表现得和哈利一样了。

"那你在考虑哪个技工行业呢？"我问她。

"随便哪个都行。"她说。

"听起来和你说上大学随便学习什么课程都行一样，"我反对说，"技工行业里的工种各不相同。因为工作的性质不同，工作的环境不同，培训也就有所不同。你要知道，泥瓦匠的工作和电工的工作截然不同。"

"但是那两个工作都是动手的，不是吗？"桑迪问道，"所以不论哪个我应该都会喜欢。"

桑迪的整个策略都是基于那个单一的要素来制订的，尽管那个理由足以让她选择技工行业，但是在采取行动之前，她还有很多功课要做。

最后，桑迪申请了各种学徒职位和实习职位。她选择了一个，只是因为它看起来“最好”。总之，她并没有做功课。具有讽刺意味的是，现在她还是坐在办公桌前盯着电脑屏幕，而那正是她最想避开的那类工作。

逃避做功课的第三个例子是唐纳德，他的激情是气象学。

“气象学家的工作条件是怎样的？”我问他。

“我想很不错。”他说。

感觉到他并没有进行真正的调研，我继续追问：“他们到底在哪里工作？一个地方大概有多少份工作？通常还有几个职位空缺？”

“教授，你为什么要打击我？”

这是他的第一个，其实也是唯一的一个回答。激情已经冲昏了他的头脑，以至于任何关于他职业选择的问题都会被他认为是打击和质疑。你知道这种冲动对唐纳德而言有多么危险吗？他的大脑已经处于度假模式了。

“唐纳德，我完全没有打击你的意思，”我说，“我只是需要这些信息，以便我们可以商量你的下一步行动。”

“听我说教授，工作条件并不重要，我已经下定决心要从事这项工作了，所以不管怎样，我都会去做的。”

我已经数不清我听到过多少次这样的台词了，靠空洞苍白的决心来规划职业生涯！

当然，我问他那些问题的目的是想知道障碍有多大，从而让他进行规划，思考如何去跨越这些障碍。然而，他只是想跑得更快，但毫无疑问，这样只会摔得更惨。

我曾多次看到许多充满激情的人在追求他们的梦想，而他们的视线却被激情的迷雾所遮蔽。他们对自己目标的基本信息一无所知，不知道薪酬水平，不知道入职要求，也不知道潜在雇主的数量，就这样冲了出去。

不是激情的错，而是他们没有做功课，也没有做功课的自律。

错误 4：就你的激情进行沟通很费劲吗？

托妮想要进入广告业，她很小心地向我解释她为何觉得广告业如此引人入胜。她制订了一个非常合适的接受教育的计划，这个计划显示出她对毕业后的就业市场有非常清晰的了解。

问题是，托妮的沟通能力很差。她需要说很多话才能表达清楚自己的观点，并且经常重复自己的话，让人有时候很难跟上她的思路。通过我们之前的会面，我了解到她夏季的几次求职面试都不太顺利。我很委婉地提出了这一点，并且问她是否认为她的沟通技能是一个可能存在的障碍。

“哦，是的，”托妮说，“这就是为什么我很高兴我终于找到了我的激情。”

我等着听她继续说。那就是她为什么很高兴，因为……

但是她并没有再说什么，那就是她全部的答复。随着我们交谈的进一步深入，我也越发了解了她的想法：因为她已经找到了自己的激情，她相信人们会发现她的话语更有吸引力和说服力。我了解到她的这个想法，是因为我自己曾经也这么认为。

当我还年轻、不太懂事的时候，我曾以为如果你谈论一个你非常感兴趣的话题，那些话语会自然流淌出来，毕竟你的话是发自内心的。但是当我开始从事教学工作时，我了解到从心到口有很长的一段路，可能会出现很多问题。是的，我同时喜欢经济学和教学，但是我太紧张了，所以会口齿不清。我的紧张和我的羞怯使我追求激情的步伐放缓了很多。事实上，这些缺陷很可能会阻止我实现自己的目标。所以我需要解决这些问题，或者放弃。

我决定解决这些问题。我首先弄清楚自己做错了什么，然后加倍努力地准备。我提醒自己当我还是个学生时，我最喜欢老师的什么方面。我不再像一座雕像一样站在讲台上。通过许多个人的纠正措施和实践，我渐渐有所提高。不幸的是，我遇到的许多人不能或者不愿意像我这样投入努力，或许他们不相信他们可以做到。教授是出了名的会因为无法解决自己的沟通问题而内疚的人群。他们中的许多人确实热爱他们的学科领域，尽管这样说他们的学生听到后会很吃惊。他们站在教室前面，看上去很无聊，心不在焉，但是其实他们并不是——他们只是不知道应当如何恰当地表达自己的激情，而他们的学生的状态因此就更糟糕了。

如果一位教授有这方面的问题，他也许还可以逃避，但是托妮可是要进入广告业的，她逃避不了。她所选择的职业生涯要求她无论是在雇主面前还是在客户面前，都必须非常清楚地推介自己和自己的想法。要想成功，托妮需要学习如何更加有效地沟通交流。事实上，对于所有追求激情的人而言，沟通都至关重要。

如果你怀疑我说的话，可以考虑一下莫伊的故事。莫伊热爱软件开发，他将代码视为音乐诗，并且可以随心所欲地让它歌唱。他需要提供的功能越复杂，他就越开心。至少在职业生涯刚开始时他是很开心的，进入职场时他拿到了好几份工作邀请，并且工作待遇都非常优厚。

莫伊如此热爱软件开发，所以脑中总会迸发出新的想法。事实上，创新往往是那些充满激情的人的显著特征之一，也是他们最有价值的特征之一。要知道，他们无法停止思考他们所爱的事情。但这也是问题的开始。不幸的是，莫伊的这种能力有限——他无法清楚、有效、令人信服地说明为什么他的新计划应该得到实施。他的想法是狭隘的还是普遍适用的都无关紧要，因为不管怎样他都不能推出令人信服的项目。自然而然，莫伊变得越来越沮丧。

“我在想我就安安静静地做一个‘程序猿’是不是会好过些。”有一天他来到我的办公室说。他说的是那些像商品一样完全可以被替代的编程人员。

我知道那天他感到特别沮丧，他只不过是在试图发泄，但是尽管如此，这个想法仍然不应该在他的脑海中出现。他痛苦地体会到，激情不足以使他的思想得到重视。他承认他“大概知道”自己的沟通能力有问题。

“但是我不知道该怎么做……”他说，“我很难想象从我喜欢的工作中抽出时间，只是为了去培训，去练习说话。”

“你是真的喜欢软件创新吗？”我追问他，“因为如果你是真的喜欢，你就会做必要的事情。”

问题并不是他的激情，而是他需要处理好自己的弱点，以便将自己的激情提升到一个更高的水平。在这种情况下，我很高兴地告诉大家，莫伊将我回答他的话记在心中，并且非常努力地改进了自己的沟通技巧。他晋升了好几次，心中的挫败感也大大减轻了。他现在可以很轻松自如地表达自己大脑里的想法，并且极具感染力。

有关沟通这个主题，我一直以来最喜欢的一个故事来自我之前的学生瑞安。瑞安真的很想成就一项通向成功的事业，希望自己能被所有人认真对待，因此他也非常重视自己。但就是有一点：他从来不笑。奇怪的是，他随和健谈，乐于助人，聊天时看着你的眼睛，甚至可以说他很友好，但是他就是不笑。

瑞安来见我，是因为他开始收到负面的绩效评估，他被评价为一个差劲的队员。瑞安抗议说，这根本不是真的。

“我总是尽力去做啊。”他向我保证说。我相信他，因为我很了解他。

当我提及他的言谈举止可能被同事们认为代表了鄙视或者不屑的态度时，他宣称这就是他本来的样子。当然，如果他的家庭背景很可怕，那么他可能还有借口总是板着一张脸，但是他没有。所以我别无选择，只有告诉他仅仅做得好是不够的，他有义务向他的团队伸出橄榄枝。不，我并不是说他得成为人群聚焦的中心，但是他必须在他所生活的圈子里树立一个更好的个人形象。

毫无疑问，他曾在这个问题上挣扎过，但是他决心要拥有一项通向成功的事业。在他女友的指导下，他开始学会如何微笑。他特别努力地学习如何采用一种更加吸引人的谈话风格，以确保他的团队成员明白他喜欢与他们合作，因为他确实喜欢。偶尔，他甚至试图搞笑。他基本上能确保自己没有被误解。很自然地，他得到了晋升。看，这些并不都是悲伤的故事！

错误 5：你是从众者吗？

比利想成为一名律师，这一目标反映了他的激情。法律复杂的体系、悠久的历史，以及保护弱势群体的能力深深吸引着他。除了这些表面上的特性之外，法律实践的对抗性本质也吸引着他本性中热衷竞争的那部分，因此他很高兴能进入法学院。那是我们第一次见面，可能也是我让他不高兴的开始。

我问及他的计划，他的回答丝毫不出人意料。接受法律教育，完成他所在地区要求的实践活动，通过最后的律师资格考试，然后申请工作。他知道他的分数越高，就越有可能得到一家大公司的工作邀请。他考虑在一家小点儿的公司里实习，这样可以接触到更广泛的有趣的法律问题。比利完全了解既定的法律职业道路，并且似乎已经决心实现这一目标。但是我不得不告诉他，法律这一行的竞争越来越激烈，而且在许多地方，越来越多的学生毕业，让市场日趋饱和。

“你打算如何增强你职业的竞争力？”我问他。

“我会更加努力地学习，取得比别人更好的成绩。”他回答说。

“哦，那你的同学们都会做什么呢？”

他承认他们也会做同样的事情。

“所以呢，”我继续说，“你打算在考试中取得比他们更好的成绩吗？”

“是的，我希望如此。”

好吧，在我看来，“希望”只是运气穿得更漂亮点儿的孪生兄弟，任何与“希望”有关的东西都会让我感觉压力很大，所以我继续追问，让比利也感觉压力很大。（为什么只有我应该感到压力很大呢？）

我要他承认其实他是想靠运气来取得事业上的成功，希望和他一届的同学与自己相比碰巧不那么用心、不那么聪明、不那么专注、不那么自律。“好一套英勇的假设，对吧？”

现在他真的不开心了。“但是我还能做什么呢？”

当然，比利首先应该停止盲目从众，随大流。关于如何成为一名律师，他已经得到了很好的建议，但是没有人和他真正谈到竞争激烈的法律工作市场。比利跟我说，在他申请法学院之前，他曾明智地和数名律师交谈过，他们对他都是持鼓励态度。他们当然持鼓励态度了——他们已经就业了，又不用找工作！

不过实际上比利已经了解这个领域竞争的激烈程度了——我并不是第一个提醒他的人。但是他也承认：“我尽量不让自己考虑竞争的事情，因为这太令人沮丧了。”你可能也是这样，如果我不经常提醒你这个问题，你会更高兴。但是，相比于考虑竞争的事情，更令人沮丧的是因为没有考虑这些而被打败了。通过和其他人一样的方式追求自己的事业，通过跟随其他法科学生的步伐实现自己的目标，比利正在冒险。他需要寻找一项优势。

由于法律职业遵循既定的发展路线，任何一个正常的步骤都不能省去，不过比利得额外增加一些元素，让他的计划不仅仅是一个希望。例如，他一开始上法学院，就需要考虑清楚他将去哪里实习，并且开始申请职位。怎么做到呢？他可以与在自己选定的公司里工作的律师建立个人关系。怎么做到呢？他可以发挥创造性。也许他可以专注于一家小公司，找到一个正在寻找继承者的从业者。可能性有很多，但是问题是比利并没有严肃认真地考虑过这些。

换句话说，当比利的同学仅仅是在法律图书馆学习的时候，比利需要从一开始就积极地推销自己。幸运的是，比利喜爱竞争的本性终于被激发了，一个有点儿邪恶的笑容出现在他的脸上。比利意识到在法庭外面还有仗要打，并且可以马上开始。比利看上去开心一些了，内心也感觉好多了。

任何进入竞争领域的人——现在几乎所有的领域都是竞争领域了，很快所有的领域就都会是了——都需要停止做其他学生和申请者都在做的事情。同样的必要性也适用于控制你工作条件的能力，包括时间承诺，以及你在得到工作后得到晋升的能力。

我的观点是：如果你的激情引导你进入了一个竞争激烈的领

域，你越早开始思考一种可以让自己脱颖而出，或者将自己与其他竞争对手区分开来的办法，你就会越优秀、越快乐、越成功。那并不意味着你只要成为班里的优等生就可以，更重要的是，要找到一个完美的机会来运用你的技能，让你真正追随自己的激情。

有些人在自己不再晋升时才意识到这个现实。事实上，我以前的学生乔茜就深受晋升这个问题的困扰。乔茜在一家硬件设计公司工作，她没有意识到自己其实一直在原地踏步。当她找到我要和我谈话时，她因为多次没能晋升而感到非常失望。

“我就不明白了，”她解释说，“我高效、及时地完成了所有的工作，工作效果也好，我和团队里的每个人都合作得很好，我的业绩评价也很好。经理给我提的任何改进建议我都努力去做了。但是还是什么都没有。我的职位一点都没有提高。”

“那除了被要求做的工作以外，你还有做更多吗？”我问她。

“有啊！”她说，“但是问题是我的同事们也一样。”

从逻辑上讲，这意味着乔茜必须要将比赛打上另一个台阶。因为很明显，乔茜所在的公司运转良好，每个人的标准都很高，所以她要想脱颖而出必须做得更多才行，不仅是更多地工作，而且是更好地工作。她需要想出一个建议，一个可以帮助公司的创新性办法。

看得出来，乔茜是真的不喜欢这项建议，她列举出一长串理由。“创新并不在我的工作职责范围内呀！如果在的话，我就不会接受这份工作了。我没有创造力——我早就知道这一点了。”

面对她的抗议，我沉默不语，所以她就接着往下说。“再说了，”她说，“要是我的创新失败了，你知道的，我的情况岂不是会更糟？又不是说公司培训我们如何创新什么的，所以很明显，他们并不在乎创新呀！我是说，其他人也没这么做。”

其他人也没这么做。乔茜有很多值得商榷的观点，但是这一个是关键。她不想做任何她同事没有做的事情。

“你为什么这么肯定别人都没做呢？”我问她，“或许这就是一些人晋升的办法呀！”

“那可不一定。”她嘲讽地说。

“好吧，那你说说看为什么他们晋升了，而你没有？”

她耸了耸肩：“我也不知道。”

“乔茜，”我说，“你们的公司是一个硬件工程公司，不断推出新产品，他们当然对创新感兴趣了，他们必须得感兴趣啊！”

“就算是吧，”乔茜很快地说，“那也不归我管。”她双臂交叉，一副与我无关的样子。

看得出来，乔茜出了一些问题，并且很显然，只要做任何与其他人不一样的事情，她就会感到特别不安。她觉得与别人一样最为安全，但她也因此永远不会脱颖而出。她得出结论说，她必须更加努力地工作，但是她并不知道这种努力意味着什么。她坚持遵循她认为是职场规范的那一套东西，就是这样。如果现在还是 20 世纪 50 年代大家都十分循规蹈矩的那个时期，也许乔茜可以过得很好。但是现在不是了，所以她那样显然行不通。

记住，要想出类拔萃，你就得做点儿什么，或者创造一些让你能够脱颖而出的东西，那才是你成功的秘诀。这一点我们在第

6章中会详细讨论。

错误6：你对计划过敏吗？

我知道“计划”这个词并不性感，它并不会让人们想到兴奋、解放或者自由的形象。我甚至会承认这个词也许暗示了无聊，例如你想象得到的一个古板的加拿大经济学教授所推荐的东西。事实上，我是经过深思熟虑的职业规划的忠实信徒，我笃信职业规划，以至于本书第二部分的全部内容都是围绕这一主题的。

不过在我们读到那儿之前，你应该知道，当我了解到大家对于制订计划的反应有多么消极时，我是多么惊讶。对于许多人而言，要制订计划这个想法即使算不上可怕，至少也是痛苦的。

我不知道“计划”这个词怎么会背上这样的包袱。这或许是因为人们想相信他们的未来取决于命运，而不是在他们的控制之下，所以他们感觉自己掌控命运是很危险的。假设你制订了一个计划来完成一个重要的目标，结果却失败了，那么这个失败的结果就直接落到了你身上，非你莫属。而如果你没有制订计划，你可能只是失败了，也就是说，你只是一个受害者而已。每个人都同情受害者，对吧？

当我问及学生或者校友关于他们职业规划的问题时，我通常会收到下面三个答复中的一个：（1）“我有一个计划！”（或者他们说的是这么一个意思，虽然大多数时候他们并没有计划）；（2）“我不需要计划”（其实他们很需要）；或者（3）“我无法制订计划”

（他们当然可以）。让我们依次回应这些答复。

“我有一个计划！”

鲍勃就是所谓的计划者之一，并且他还是一名城市规划专业的学生，所以他当然有一个计划了——他一点儿也不害怕“计划”这个词。他的计划是这样的：第一步，接受适当的教育；第二步，得到几个不错的带薪实习机会；第三步，积极申请。

他的计划是否灵活到能够适应他兴趣的变化或者演变呢？他的计划是否描述了他要如何从同学中脱颖而出？他的计划是否描述了他将如何选择并接触排名靠前的雇主？他的计划是否包含进研究生院的可能性？他用什么标准来判断他的计划是否正在正常进行？如果他毕业时赶上经济衰退，找不到工作，他将如何应对？

对于上述这些问题，他的计划都没有提供答案，但是一份优秀的职业规划应该能应对比这更多的问题。事实上，他其实有一个答案。“教授，”他说，“如果这些事情发生了，我到时候会处理的。”当事情发生时才去处理与计划的理念恰好相反。计划会预先告诉你在各种情况下要做什么，并且确保你准备好了。

我告诉他，他其实是在让自己承担不必要的风险。我告诉他，在过去的几十年里，每当经济衰退时，学生们都会蜂拥而至，寻求我的指导。通常情况下我给出的建议都是他们本来早就应该采取的行动，但是由于他们已经等了太长时间，有时候我们能做的最好的事情就是止损——确保他们的职业发展进程不会进一步放缓。

让我们把话说得更明白一些。在经济衰退期间，许多学生突然得出结论，并且通常是正确的结论，那就是他们应该去读研究生。现在他们需要推荐信，但是由于他们没有和教授保持联系，教授都不知道他们是谁。还有几天就到申请的截止日期了，他们像疯了似的手忙脚乱，有时候不得不勉强推荐人写一封通用的推荐信，而不是更加有效的根据学生要求而写的个性化的推荐信。匆忙之中，他们往往会选择一个并不理想的研究生院，并且错过他们本来有资格获得的奖学金。

撇开经济萧条不谈，我还遇到过一些学生，他们的兴趣在受教育的过程中发生了变化。但是因为他们从来没有想象过这种可能性，所以他们被困在了一个学业计划中，不付出巨大代价便无法自拔。当然，我会尽力帮助他们做出改变，但是时间和金钱的代价往往要比原本会付出的代价高得多。有些时候，这种代价甚至会让学生放弃他们新的梦想。

我把所有这一切都详细地解释给学习城市规划的鲍勃听，最后问他一句："鲍勃，你想冒这个险吗？"

他认为他不想。虽然看得出来他很不情愿，但他还是承诺会做一个真正的计划。事实上，他看上去跟要去拔牙一样痛苦，但是至少他已经准备好了。

贝蒂是另一个所谓的计划者。到目前为止她都做得相当不错，因为她已经做自己喜欢的工作十年了。她注意到的唯一问题是工作量很大，她的私人生活因此而受到影响。我问她打算怎么解决这个问题。

“我正在上课，努力提高工作效率。”她回答说。

“你上的课程如何帮助你解决工作量的问题？”我问她。

“这个嘛，公司鼓励我们接受更多的培训，”她这么说的时候，皱了皱眉，好像明白自己其实并没有真正想通这一点，“我想，减少工作量的办法我还不是很清楚。”

我点了点头：“如果你的工作效率更高，公司会不会因此给你安排更多的工作？”

“有可能。”她承认。

我继续刨根问底，她则很优雅地一一回答。我问她，她的计划是否考虑了公司的战略目标，是否能应对公司最大的立即要解决的问题，是否描述了她将如何制作和销售她的个人品牌。同样，她还是没给出具体的答案。所以她实际上没什么计划，只是有一些模糊的方案而已。这总比什么都不做强，但是也强不到哪里去。贝蒂对这些问题做出了积极的反应，并且很快就开始制订一个真正的计划，这个计划可以显示出她正利用自己独特的技能和观点来战略性地应对公司最大的挑战，以使自己能够被摆到一个能更好地主张她所希望的工作时间和工作量的位置上。

“我不需要计划”

很多人说他们并不需要一个计划。为什么？因为他们的事业正走向成功。他们想着既然没有问题，那也就没有必要计划。

当然，这只是在假设没有任何坏事会发生在你身上。我怀疑，在这种说法背后隐藏着一种迷信的想法，即如果你为灾难做计划，那么灾难就确实会发生。所以，如果你立下遗嘱，那么到本周末你就死定了。

我对职业生涯中发生的不测所带来的灾难性后果非常敏感，因为有很多人在意外发生后来找我。有时候，我可以说服那些自满的人制订一个可靠的计划，有时候则不能。

还记得第 1 章里提到的约翰吗？被归为朝九晚五的上班族，最终被解雇的那个。最初，约翰是那些大胆的人之一，相信自己不需要计划——毕竟一切都很顺利。然后他突然失业了。他任由自己的关系网受到侵蚀，财务状况陷入高支出之中——包括一大笔抵押贷款。他的妻子有一份非常好的工作，因此他的选择很有限，因为他渴望留在当地。他的技能非常集中，不容易找到相关的工作。

我们一起为他拼凑出了一个计划，通过他自己的不懈努力，他终于获得了另一份合理的工作，这份工作很接近他的激情。哦，不过我有没有提到他每天上下班单程都需要一个半小时？他再一次接近他喜欢做的事，但是离理想的生活越来越远了。

我们得出的教训是什么？要制订一个计划。

“我没法制订计划”

这一类人说他们无法制订计划，即便他们看到有必要这样做也不做，最典型的代表就是艾拉，我只见过一次的学生。她是一个彻头彻尾的宿命论者——顺其自然！

尽管这句话可能是一首好歌的歌词，但它是一个糟糕的生活选择。是的，艾拉可以和你说一堆各种各样的理由，讲一些陈词滥调，告诉你为什么她坚决拒绝制订计划："生活是混乱的""你永远不知道下一步会发生什么""要考虑的因素太多了""最好的办法就是应对"。尽管我很享受一场精彩的辩论，重视辩论中不同观点的火花碰撞，但是事实是我和艾拉彼此无话可说。当她发现自己失业时，她很有可能会去买一张彩票，而不是预约来看我。

正如你可能想象得到的，我不太喜欢这种生活方式，因为我觉得像艾拉那样的人正在犯下严重的错误。

错误 7：你还在坚持自己的计划吗？

如果你已经制订了很好的职业规划，那一定要坚持下去，就像节食计划或其他任何一种计划一样。不幸的是，即使是那些制订了良好计划的人最终也还是会在未来进行即兴创作，因为他们往往缺乏坚持遵循计划的自律性。他们改变欲望的频率像换衣服一样高，或者当旅程变得艰难时，他们往往会退回去做比较容易的事。

在这本有关职业的"励志"书中，会频繁地出现"计划"和"纪律"等字眼。如果你因此而感到惊讶，不要这样。因为我想做的不仅仅是激励你，我想引领你走向成功。

在本章中，我给你讲了一些结局并不完美的故事，尽管所有的故事还仍在发展中。但是只要你注意到并且如实回答了本章中的问题，那你就可以绕过这些错误，直接走向积极的一面。这儿有一些关于“做”的建议，你可以把它们作为“不做”的解毒剂：

- 让你的激情和生活尽可能地全面、圆满。
- 要清楚，虽然激情是必要的，但它并不是必要的一切——还要做研究、做功课。
- 以一种吸引他人的方式展现自己和自己的激情。
- 不停地问自己：“从A到B，其他人都在做什么？如果是我的话，我会怎么做？”
- 把计划看作是世界上最难以控制的事，然后自律地坚持到底。

为了达到这一目的，下一章将改变航向，从谈论错误的行为转为谈论该做什么。要做的事情还有很多。

本书的第一部分旨在清除混乱，布置好舞台，使更加深入的工作得以开展。毕竟，墙壁需要先清洗、上底漆，然后才能粉刷。插图需要先用铅笔勾画好才能上色。我刚刚帮助我的家人制作完枫糖浆，要制作枫糖浆，必须先堆积木柴、清洁设备、观察树木，然后才能收集汁液。如果你觉得制作枫糖浆很复杂，你是对的。相比之下，事业上的成功要复杂得多。既然我们已经做好了所有必要的准备，那就让我们撸起袖子行动起来吧！这就是在本书接下来的部分中我们要做的工作。

尖锐的问题，诚实的答案

1. 在考虑本章的 7 个问题时，你有对其中的任何一个问题回答“是”吗?

2. 你避免这些错误的计划是什么？还是你厌恶计划?

第二部分

在执行中调整

第5章

做好准备，从心理到技能

想一想，我们的大部分生活其实都是绘制安排好的，要么在纸上，要么在屏幕上。我们考虑时间、天气以及由此产生的交通状况等因素，来决定最快到达电影院或购物中心的路线。我们在人们最爱出行的时间去最受欢迎的目的地时，通常会提前安排假期、预订旅馆或者酒店。你不会没有预约就出现在新奥尔良的狂欢节上，我也无法想象很多人没有预订好酒店和门票就来温哥华看冬奥会。随着年龄的增长，从婚礼到住房再到退休，有太多事情需要我们认真规划。然而，具有讽刺意味的是，相较之下，我们在规划事业上花费的心思却远远没有这么多，而事业是我们生活中最关键的部分之一，也是其他许多事情的重要组成部分。我要求——也许是恳求——大家，要认识到制订一份靠得住的职业规划是多么地关键，这份规划应该考虑到你个人的希望和梦想以及竞争日益激烈的经济环境，还应该包括让你调整自己的机会。一份精心设计的规划可以保护你避开上一章中描述的危险和错误，还可以让你有效地收获向你敞开的机会。

确定目标

我总是遇到那些无法准确描述自己目标的人。“要幸福……要充实……要做出贡献……要做出改变。”尽管这些话都是真的，但它们并不足以成为目标，它们只不过是设定目标的动机而已。它们的范围过于笼统和模糊，无法支持一项计划，它们无法提供确定优先事项、衡量进展或评估战术的方法。

希瑟明白了这一点。她正努力成为一名会计师，对此她感到非常高兴。她认为会计是一个迷人的行业，因为在这个行业里，只要有一小组数字，她就可以预测未来，进而确定公司主要决策的结果。换句话说，只要有一张资产负债表就可以改变世界。她明确地找到了自己的激情，所以开始阐明她的其他目标。由于工作将成为她生活中的重要部分，她希望从一开始就把事业和生活整合起来。她想要快乐。

她个人目前最优先的事项是周游世界。希瑟非常渴望去参观和探索尽可能多的国家，体验尽可能多的地理和文化。她想要一份能让她体面旅行的收入。在环球旅行中当背包客对她没有吸引力。她不想睡在机场，也不想与数十人一起住全是上下铺的宿舍；她想要遍尝各地菜肴，而不是靠面包和奶酪度日。最后，“当时机成熟的时候”，她确信她会想要一个家庭。

所以希瑟的职业生涯目标包括以下几点：

1. 会计工作使她有可能获得强大的影响力

2. 高收入

3. 在她的职业生涯初期有旅行的机会

和希瑟一样，特伦特也从一份他认为最能让自己快乐的计划开始。他想成为一名管理顾问，并接受了该职业的初级职位所需的教育。具体来说，他希望帮助公司实现改变局面的生产力增长。他讨厌旅行，想住在大城市的中心。他想过活跃的社交和约会生活。他不想长时间地工作。他主要的财务需求是足够的收入这样才能负担得起市中心的公寓。他还认为，在他约会的女性中，总有一个可能会成为他的妻子。正如你所看到的，他其实和希瑟一样雄心勃勃，只不过他有他自己的方式。让我们更加有序地组织一下，特伦特的目标包括：

1. 以生产力为核心的管理咨询工作

2. 市中心的生活方式

3. 合理的工作时间，不用出差

也许你认为特伦特和希瑟非常不切实际。也许是，也许不是。但是他们从最喜欢、最渴望做的事开始规划，然后尽可能地接近目标，这样做是对的。不妨想象一下房地产买卖：哪个买房子的人会在购买之前不列一个包括所有他们想要的东西的愿望清单呢？这是一次强大的锻炼。

同时，看看有多少人从那种最卑微的目标开始，比如找到一个与专业相关的初级工作。如果他们做到了，他们才会去想下一个目标。如果你把最初的目标放低到几乎没有，那么你就很难再去其他地方。对此，你有没有感到惊讶？我知道在这个竞争激烈、充满挑战的世界里，总会有些过来人跟你说要务实，那样说通常意味着你应该把眼光放得很低，也就差不多忘记了要在工作中寻找激情这个梦想。但是要记住，竞争激烈恰恰是你要找到一项你真正热爱的事业的原因。我当然也会务实。我是一名经济学家，我们是务实性的先知。进行职业规划是怀有激情的工作者对于务实这一需求的答案。你必须尽可能地贴近通向最佳目的地的起点。

李嘉图对于为自己的事业制定目标一事表示强烈反对，更不用提规划生活了。他是移民的孩子，能成为在新国家出生的第一代人他已经很高兴了，他似乎非常乐意接受任何合理的工作。他也确实找到了一份工作——在银行当经理。时间快进几年，他还在那里。不，他并不热爱自己的工作，但是他认为他会尽力过上最好的生活。

不过李嘉图已经找到了一种激情：房地产。在他看来，在房地产领域工作就好像中彩票一样，一是因为它会带来幸福感，二是因为它从未发生过。

李嘉图是否会因为他的选择主要是被迫做出的而更有可能成功？他没有野心勃勃地去冒险是明智的吗？

显而易见的是，李嘉图和他的处境使我心烦意乱。我讨厌任何形式的浪费，而这正是我在李嘉图身上看到的。在我们生活的世界里，有太多的人才被浪费掉了，因为人们从一开始就把自己的视野限制住了，认为任何额外的东西都是一种奖励。如果李嘉图没有这么卓越的才能，我就不会这么烦了。当他谈到开发好的房地产项目时，他看到了许多不真实的地方。除此之外，他看到了很多使它们变得更好的机会，还看到了无数被错失的能创造更多盈利的机会。当他谈到可能建造的东西时，他的设想令人印象深刻，那些设想不仅对它们所处的环境很敏感，而且常常与他或我所看到的任何东西都有所不同。

不幸的是，我可以看到他在未来的20年间都在银行工作，帮助人们获得房屋或土地的贷款，而这些地产远没有他可能能够开发出来的有趣。李嘉图这种不太自信的生活态度，让我仿佛可以看到他生活在一处普通住宅里，有个普通的配偶，一两个孩子，不做任何追求卓越的努力。那么我在沮丧的同时做了什么？我对他大喊大叫，想办法让他变得别那么实际！

这确实是一场斗争，但最后他还是走上了和希瑟以及特伦特类似的道路。他承认他有点想成为一名开发商。是的，也许他曾经幻想过有一个大家庭，生活在乡村。现在我们有起始点了，他的目的地也越来越清晰了。

你也应该像希瑟、特伦特和李嘉图这样设定目标，然后问问自己，尽管你可能已经设立了一个很高的目标，但它是否同时具备灵活性呢？换句话说，你是不是将目标设定在了像针尖一样大小的精确的位置？最好不要那样做。如果你完全确定你想为哪家公司工作，那么你的目标就太过精准了。如果你将研究或关注的目标完全集中在一个领域，比如3世纪的武器，那你的目标就太过精准了。你要扩大你的目标范围。

你也许在想：是你告诉我要设立明确目标的呀！没错，我的确说过。但是请用常识思考一下：像“我要快乐”这样宽泛的目标是没有任何意义的，而“我想要在这个地方做这项工作”这样狭隘的目标也只会让你失败。

明确一个目标是明智的，但是在这个变幻莫测的世界里，你需要给自己留出回旋的空间来适应变化。市场可能会改变，你也可能会改变。要从宽泛的范围开始，不要像对待“研究”那样去尽可能地“缩小范围”。在你研究时，思路自然会逐渐清晰起来。

分清轻重缓急

在确定了什么能让他们快乐之后，希瑟、特伦特和李嘉图需要给他们的主要目标排出先后顺序，这是通往务实性的第一步。不是所有目标都可以同时实现。同样，这就像找房子一样。也许你想要一个壁炉，但是在你的愿望清单上，壁炉排在所有项目中的什么位置上呢？如果你需要做出取舍，那么没有壁炉你可以接受吗？晚点儿再装一个壁炉可以吗？同理，当涉及职业规划时，每一个因素都应该有一个有用的灵活性指标。

希瑟确定了目标中对她而言不那么重要的因素，并且得出了这样的结论：在一名会计会做的许多工作中，只要她能对结果产生重大影响，她就可以愉快地接受其中的大部分工作，所以她至少将一种约束最小化了。此外，尽管她希望在事业发展期间获得较高的收入，但相比于旅行的机会而言，高起薪并不那么重要。如果真的需要的话，让她当背包客也没问题。

特伦特做了同样的事情，他决定致力于生产率提高这一领域，如果可能的话，他希望只做这一方面。他觉得自己的目标的灵活性在于他并不在乎他提高的究竟是什么样的生产率。他还得出结论，那就是他可能也愿意偶尔出差，工作的时间稍微长点，至少在职业生涯的初期是如此。但是在愿望清单中，市中心的公寓生活非常重要，仅次于工作本身。

现在你还觉得希瑟和特伦特太不现实吗？如果是这样的话，你不认为相比于假设什么可行什么不可行，找出什么可行、什么不可行对他们帮助更大吗？

李嘉图和我继续在优先事项这个问题上争论，因为尽管我说服了他告诉我他最终想干什么，他仍然认为没有一件事是真的可行的。我们的争论涉及大量的对话。我问了他这样的问题："如果你不得不修改你的某些目标或推迟它实现的时间，那你会选择哪部分呢？"李嘉图给了我一个消极的答案："哪个都行，教授。就像我说的，我可以在银行里工作一辈子，没关系。"我们就这样一直争个没完。我们晚点儿再回到李嘉图的问题上——等我们终于停止兜圈子，而他的计划也确实取得了一些进展时。

所以现在你可以试着自己做这个练习，请把希瑟和特伦特，而不是李嘉图，当作你的榜样。你要如何排列你的目标？如果需要的话，哪些目标是可以变通的？哪些目标是不可以打折扣的？

找出具体障碍，实现目标

既然你已经开始确定你最想达到的目标，并且考虑它们对你的重要性，那么下一步就是找出你前进道路上的那些障碍了。从本质上来说，进取性的目标迫使你不得不仔细考虑各种障碍。你可能认为有些障碍是无法跨越的，但其实并非如此，而那些你可能并没有注意到的真正障碍才会挤垮你。

希瑟没有花费很长时间便认识到了她的目标的主要障碍。第一，会计往往在一个固定的地方工作，那就是一座城市的一间办公室。第二，在事业初期，她不大可能做跟具有较大影响力的文件相关度高的工作。作为一名初级会计师，她可能会做一些不那么有趣，甚至有些无聊的工作。即便她的收入是合理的，它也不足以高到让她“时尚旅游”的地步。但是这并没有关系，因为在她工作的初期，如果有休假时间的话，那它充其量也是适度的。随着时间的推移，她的假期情况、收入和影响力会逐渐有所改善，但是到了那个阶段，她可能又希望生儿育女，抱着孩子周游世界只会更加困难。

特伦特也处于一种显然不可能达成目标的处境。作为一名初级员工，他对于自己能做什么没有什么选择，至少他得等到资历老些，比如说 40 岁左右（这对他而言似乎遥遥无期），才可能有选择权。此外，管理咨询通常要求很长的工作时间和大量的出差，或者说至少当特伦特在一家大公司找到工作时情况会是如此。大公司的办公室往往会在市中心，这倒是一个优势，因为这样特伦特就可以负担得起一间小公寓，在市中心工作和生活。但问题是，他只能在出差的间隙居住在那儿。这样一来，他的社交生活也就变得断断续续且短暂了。相比之下，如果特伦特在一家规模较小的公司工作，他的收入可能又太低，不足以支付他认为条件理想的公寓。此外，小公司很少位于市中心。

那么希瑟和特伦特该怎么办呢？他们俩都必须变得更加现实吗？希瑟难道不应该承受当会计师的代价吗？她是不是应该找到最好的工作，然后在假期旅行？或者如果她不能掐灭旅行的念头也不能推迟这个想法的实现，她是不是可以晚一点儿开始职业生涯，先背包周游世界，回应那些青年旅舍的召唤？或许特伦特要度过相当长的学徒生涯，然后选择对他而言更为重要的方面：是居住在市中心，长时间地工作，还是相对轻松点儿，在郊区的小公司里上班。当然，如果别无他法的话，他也可以在郊区实现一种健康的社交生活。

也许“普通人”都会按照上一段的建议去做，但是希瑟和特伦特可是决心要拥有通向成功的事业，而不是一般的好工作的人。所以希瑟和特伦特继续执行他们职业规划中的下一步。

这里的关键点是，在你安排好的道路上总会有一些障碍。客观地把它们列出来。不要担心你是消极的，也不要提前考虑如何补救。在这个阶段，你只需要透彻地思考并找出这些障碍。

探索障碍，如有必要，修正目标

希瑟和特伦特认识到通往成就的道路总是布满障碍，通向成功事业的道路自然更是如此。祈祷并不能扫除障碍，只有愿望和努力也不够。这个世界才不在乎旅行或者市中心的生活对你而言重不重要，祈祷时来运转也无济于事。因此，希瑟和特伦特明白，如果他们想获得真正的职场影响力并实现他们的个人目标，他们必须找到一种办法将它们囊括在内。或者严格地说，他们至少应该尽力一搏。

希瑟的探究是这么开始的：她寻找其他会计师追求非传统职业道路的例子。即使他们并没有想尝试环游世界，他们与众不同的前进路线也有可能帮助她找到绕过障碍的方法。不过结果并不乐观。会计像建筑和工程等许多其他职业一样，有一条相对固定的职业道路，至少在你还想留在这个行业、获得资历、建立名望时是这样的。经常旅行的会计师要么与大型跨国客户有关，要么是专门飞往世界各地应对特殊情况的专家。但是不意外地，这些职位都是留给那些经验丰富的会计师（也就是年长的会计师）的。而正如我所说，希瑟并不愿意等待。现在她已经明确了自己的职业方向，如果她想成为一名会计师，那么很显然，她必须学会忍耐。

但是还有另外一种方法。希瑟可以放弃成为会计师的目标，从事定量分析的职业。定量分析师也研究数字，所以她仍然会有她的账本，但她在技术上不会被称为会计师。换句话说，绕过障碍的方法是重新思考对工作本身的传统描述。

希瑟非常认真地考虑了这件事。她决定完成会计学位的学习，因为她很快就要完成了。但是她决定不再继续进行取得正式会计师资格的其他步骤了，例如考试等。希瑟明白许多其他人不明白的道理：激情并不总是适合既定的职业。现在，她的职业规划中有了一个调整后的职业目标。她将通过进行会计之外的定量分析来让自己具有较大的影响力；换句话说，她仍然可以致力于解决公司的产品生产或业务停滞不前的问题，但是她不会是该公司的会计师——她将有一个不同的头衔。由于她并不具备可以助她实现目标的专业的信誉，她可能不得不在自己的一些目标上稍做妥协。但是在她考虑下一步时，旅行仍然在所有的事项中优先级别很高。（在这里我要澄清的是，举这个例子的重点不是说会计师是一个糟糕的职业选择，很显然不是，但是对希瑟而言就是这样。当且仅当一份职业、一项事业是你的激情并且满足你其他的优先级高的目标时，它才会通向成功。）

特伦特很费力地探索了他的障碍所在。大公司都希望他出差，而他看的那些小公司所提供的薪水根本不足以支撑他所钟爱的市中心的生活方式。很少有公司可以让他选择从事某种类型的工作——他无法要求只做生产力相关的工作。他决定细查每一家可能的公司，看看是否有任何例外。有几家专门从事生产力工作的公司，但是他们只雇用比特伦特经验丰富得多的顾问。许多工作和职业都是如此，特伦特太年轻了，经验不足，很难被认真对待。（同样的问题也困扰着像李嘉图这样的年纪较大的工作人员，他们想更换职业，却缺乏在不同领域工作的经验。）所以特伦特需要更高层次的教育来掌控他想要解决的问题的核心。市中心的生活可能也不得不往后推推了。简言之，特伦特要重返校园了。

与此同时，李嘉图终于下定决心去寻找他最想要的东西。凭借他在银行业十年的优秀业绩，他有信心在房地产行业找到一个初级职位。他可能最具备当销售员的资格，但他真正想要的是一份开发商的项目管理工作。不幸的是，他根本没有房地产方面的经验，尽管他已经阅读这个领域的相关信息十年了。成为一名开发商的道路看上去确实很漫长。

我问他是否能筹集到足够的钱，自己去做一个小项目，例如在一个购物中心里翻修一家商店。那不需要他投入全部的精力，他可以继续在银行工作，同时做这样一份兼职。"毕竟，"我说，"开启职业生涯的最好方式就是开始行动。"

"我没有钱，即使是投资一个小项目也不够，"李嘉图抗议道，"我家里也没钱。鉴于我缺乏经验，银行也不会借钱给我，这点我很肯定。"

李嘉图几乎比我认识的任何人找到的不去做某事的理由都多。你知道他为什么让我感觉如此受挫了吧？

"你就没有哪个亲戚有点儿闲钱吗？"我继续追问。

"没有！"他说。但随之他安静了一会儿："我有一个很有钱的叔叔，但我不会向他要钱。他是一个白手起家的人——他希望我也这样。"

"你为什么要伸手要呢？"我问，"你为什么不给他一个机会，让他投资你已经确定和设计好的项目呢？"

终于，李嘉图看上去像是脑中灵光一现。他从来没有想过他的亲戚可以是他的投资者。他已经年龄太大了，不能再向家里伸手要钱了，但是他可以给家人提供更有竞争力的回报率。也许他可以给他叔叔提供比别处都高的投资回报。李嘉图立即开始寻找项目，等他终于找到一个项目时，他为他的叔叔安排了一个商业会议。

“我的第一次商业会议！”他打电话告诉我说。他声音里流露出的骄傲非常明显。李嘉图的情况与希瑟和特伦特有所不同，他的障碍随着调查和研究逐渐消失了。

这个阶段的重点是探索，你要确定哪些阻碍是坚如磐石的、哪些不是。你在寻找解决方案吗？你是否假设了有些既定的职位或是职业是可以被拆分开来的？你是否正沦为传统思维的牺牲品？你是不是太匆忙了？

确认、获得并强化你所需要的关键技能

当我在第 2 章中解释说，你不能将职业生涯建立在没有激情的技能之上时，我并没有说技能是多余的或是可选的。一旦你有了一个充满激情的目标，你实际上就会主动获得技能，因为没有它你就无法满足自己内心的渴望。那是一种比金钱本身更加强大的动力。

要获得技能，太多的人只看到一条路：学校或某种类似的教育项目。然而这种大众化的技能发展技巧并不能让你脱颖而出，大家获得经验的进度都是同步的，就像羊群一样同步前进。值得称赞的是，希瑟、特伦特和李嘉图更加具有批判性地看待了自己

的选择。他们并没有犯第三条“从众”这个错误。

希瑟认为，她的会计项目已经使她获得了分析师工作所需的大部分量化技能，她只需要再修几门专业课程作为补充即可。当她调查可能需要量化分析技能的职业时，她碰巧发现了管理咨询这一职业。作为一名会计，她有很大的机会获得一个初级职位。但是仅仅是有很大的机会对于她的规划热情而言还是远远不够的，她想要占据优势，尤其是当有人用很吓人的方式向她描述了现代经济激烈的竞争压力之后（想不出来是谁干的），她更是如此。

于是她找到了一名曾在一家大公司工作的退休顾问，并向他咨询了各种问题。希瑟得知，大公司在客源上的竞争非常激烈，找到并留住主要客户的能力受到极高的重视。这就是希瑟需要知道的一切。“告诉我怎么做。”她说。她聪明而诚实地告诉他，他不应该让他的商业经验白白浪费掉。就这样，希瑟成了他的学徒，虽然他已经退休了。

特伦特的技能问题则有点儿不同。他想成为一名生产力顾问，这是管理顾问下面的一个分支。因此，除非他想通过年龄的增长和资历的增加最终获得这些职位，否则，他的大学本科学历就不够了，他必须再读一个研究生学位。合乎逻辑的选择是获得工商管理硕士学位。然而，特伦特了解到，事实上每年都有很多工商管理硕士毕业，并且许多管理顾问都有工商管理硕士学位。因此，对于这个额外的学位是否能让他从求职者中脱颖而出，特伦特并不是很有信心。（再次强调，获得工商管理硕士学位是通往成功事业的极好一步，但这还是取决于你的目标和情况。）

特伦特想，如果我想成为一名高层次的生产力专家，那我最好找一个专门的研究生项目。不过糟糕的是，他找不到这样的项目。找总比不找好，但是找也并不一定保证你会找到有用的东西。特伦特并没有轻易放弃或者选择“简单的”道路，即不管怎样，先拿一个工商管理硕士学位再说，相反，他发挥了自己的创造力。他开始寻找一个让他可以做生产力工具研究的研究生项目。换句话说，他将能够在教育机构的帮助下为自己的目标服务。

李嘉图处理自己技能缺陷的方式则有所不同。他已经通过阅读获得了相当的能力，但是他知道自己缺乏实际经验。他觉得自己需要更好地理解金融这一领域。他想过找一个导师，但是他又想马上开始他的新项目。时间有限，所以李嘉图决定随机应变，但是还是要有计划地行动。他将聘请专业人员来做他的项目，并且在这个过程中向他们学习技能。

在这一阶段，希瑟、特伦特和李嘉图都避免了一个重大的错误。许多人只把事情做对了一半，然后就不再继续发挥自己的优势。以希瑟为例，她本可以只与她的导师闲聊，特伦特本可以随便选择一个研究生学位开始他的继续教育计划，李嘉图本可以随便学学金融方面的知识。但是他们每个人都制订了一个清晰的、精确的计划来打好自己的技能基础。（换句话说，他们建立了基准，这一点后文将详细讲到。）希瑟和她的导师安排了一系列的会面，以实现非常具体的目标，覆盖了影响力大的分析的方方面面，包括如何吸引客户等。特伦特穷尽式地研究了所有可选择的研究生项目，并且制定了一套标准。他希望自己未来接受的继续教育能为他带来进入生产力咨询行业的入场券，所以他行事缜密，不留漏洞。为了确保自己的远景在实现过程中得到经验的支持，李嘉图尽可能地将购物中心的项目进行了外包。他决定要非常认真地进行管理，主要是了解他的合作伙伴们都在做些什么，并且通过询问，搞清楚他们为什么那么做。换句话说，李嘉图主要的工作将是学习，而不是管理。下一次他就会更聪明了，最终他可以非常睿智地进行管理。

从这三个人身上，你可以学会问自己最关键的技能问题。你还缺少什么必需的技能？你要怎么获得它们？你需要这样做多长时间？你是在寻找获得这些技能的非传统方法，还是仅仅在遵循传统的“智慧”？

让你的团队就位

事业上的成功几乎从来都不是个人的成就。是的，人际关系网很重要，但我现在所倡导的是突破人们对人际关系网的常规认识。我所认识的那些在职业生涯中苦苦挣扎的人，他们挣扎的最常见的原因是他们无法调动一支团队，尽管他们也是在追随自己的激情。注意，我说的是团队，而不是人际关系网。

不管你的工作性质是什么，不管你是在一个小机构还是一个大公司，你的公司是一个技术公司还是一个生产公司，即使是在以孤立而臭名昭著的高科技世界里，孤独的人还是会苦苦挣扎。是的，他们会得到一份薪水丰厚的工作，但过不了多长时间，由于压力越来越大，那些有才华的人就会开始因为对他们的工作缺乏控制而感到不满。通常情况下，正是这种控制感的不足阻碍他们拥有一项真正的通向成功的事业，但是如果他们有一个团队，他们就可以解决这个问题。他们通常认为他们的天赋被浪费了，而事实也是如此。啊，要是他们不那么害怕陌生人就好了！

人际关系网和团队的区别是什么？如果你有一张人际关系网，里面有你认识的人，有看好你的人，那么你就可以从这张网中招募你的团队。人际关系网往往会很大，大到你无法单凭记忆想起每一个人际关系网成员；与人际关系网不同，团队往往很小，有凝聚力，有能力并且随时准备好帮助你实现你的事业目标。人际关系网仅仅是备用的，而团队则是随时待命的。如果你（很明智地）将关键的人生目标融入你的职业规划之中，那么团队对你实现人生计划也是非常重要的。这个团队通常包括与你有不同关系的人——一些家庭成员、朋友、熟人、同事以及你自己雇用的专业人员。你的团队会帮助你规划、创造和执行。

希瑟招募了她的关键导师，但那只是她的开始。她不可能仅仅从一个人身上学到一切她需要知道的关于寻找客户的东西。要是那么简单，大家可能就都那么做了，那么她也就没有优势了。她的导师建议她去练习要做的事情，而不仅仅是学习。于是希瑟开始行动。她聘请了一位专业的研究人员向她介绍可能的新市场。她团队的另外一名成员是她的邻居，也是她非常珍视的朋友，这名邻居安排她参加了一个不对公众开放的重要贸易展览会。她的祖父是一位退休的行政人员，听她练习自己的项目陈述。你是不是开始明白为什么希瑟的团队是一支不可忽视的力量了？

特伦特的团队成员主要是教授，他们可以帮助他评估各研究生院的教育。此外，他的同学介绍了一位已退休的全球生产商的高级主管给他，那位主管知道哪家公司的生产力工作做得最好。特伦特几乎读过每一篇关于生产力的论文，并试图对自己最感兴趣的作者进行个人采访。从本质上说，他仍然在组建自己的核心团队。他最严峻的挑战是找到能资助他在大学里进行研究的人，否则他的研究就会受限，只能局限于他导师自己的资金支持了。

李嘉图是幸运的，他即将开展的建设项目使他广泛地接触了专业人士、政府官员、银行家、承租人和贸易承包商。他面试了所有人，为自己的团队招兵买马，并且在这个过程中从他们身上学习一切他可以学到的东西。他还聘请了一名会计专门向他汇报项目的进展。李嘉图的团队健康且强大。

团队并不是按照你的吩咐行事的一群人。相反，团队的成员与你之间有一种关系，而任何关系都不是单向的。你不再是个孩子了，没有人会仅仅为了照顾你而照顾你。解释清楚，让大家明白加入你的团队能给他们带来什么好处。

例如，导师可能是公司的雇员，而那个公司有一天也可能会招募你。或者想想希瑟是如何接近她的导师的——她知道他渴望做一些能让他挖掘自己的所有经验的事情。从他的角度来想，他想付出，向未来付出，在那里他的经验会活得比他更长久。希瑟也可以给他一些回报，那就是她自己独特的、年轻一代的世界观。有很多希瑟知道而她的导师并不知道的事情，所以她的视角对他而言，至少是很有意思的。

有时你的团队成员会得到报酬，就像李嘉图的会计师一样，但是金钱不应该成为你大多数团队成员的驱动力。它应该建立在关系的基础上。虽然李嘉图付钱给承包商为他的项目工作，但他并没有付钱给他们来教他——他们是免费教他的，因为他们很可能在李嘉图身上看到了潜力，并可以看到未来和他长期合作的关系。谁知道呢？也许他们甚至向他收取了低于平时要价的费用。奇特的事情发生了。

希瑟、特伦特和李嘉图在这一章中完成了一些非常繁重的工作。我们已经看到他们完成了职业生涯规划中的第一个关键步骤：他们确定了他们想去的地方和他们可以放弃的条件。他们已经隔离了他们目标的主要障碍，并真正地探索了它们，以确保不会对它们让步。他们已经提高了他们所需要的技能，并且团队已经就位。然而还有更多的工作要做。现在也许到了他们计划中最关键的部分：找到让他们脱颖而出的优势。

尖锐的问题，诚实的答案

1. 你的特别目的地是哪里？

2. 你要如何给你的事项排序？

3. 什么是你前进的障碍？它们是不动如山的，还是可以挪开的？

4. 谁是你们团队的真正队员？你用什么回报他们的支持？

第6章

找到你真正的优势

英国著名作家J.K.罗琳本可以写一本畅销书就完事，而不用费力去写一本伟大的著作，但是她想要一个创新的故事，并且一直保持着自己的艺术视野和创作初心。她违反了儿童读物的所有创作规则，那个时候的规则要求不能写太可怕或是太长的故事，并且故事中所有的成年人都必须尊贵高尚才行。而现在整个世界都知道，罗琳的策略对她而言效果很好。

如果你的工作只能产出还不错的结果，那么你就没有形成竞争力。也就是说，你并不比其他大多数人好多少，那么你又怎么能期望具有任何特别的优势呢？你必须培养出超出技能的特质，这也就意味着你需要设计出高度创新的解决方案，那种就算能，也很难在其他地方找到的解决方案。

让我们再回过头来看看我们之前说过的三人组——希瑟、特伦特和李嘉图，看看他们是如何面对找到自己的优势这个问题的。当希瑟的导师催促她搞清楚自己的特殊见解是什么时，她并没有立即理解导师的意图。她想通过数据分析对重要的问题产生影响，但是仅仅靠想是不够的。她是否会使用其他人都没有想过要用的数学算法？或者她是否找到了其他人都没有拥有过或者没有用过的数据来源？她如何使用特殊技术来解决问题？渐渐地，她意识到导师是在推动她站在问题解决者的立场上去找一个系统优势——而仅仅“更聪明”是不够的。

希瑟发现定量分析或者所谓的“大数据”有很多让人兴奋之处，但是很少有人把注意力放在确保源数据的准确性或是长期的一致性上，这让她惊讶不已。她发现了一种大大提高这种质量的方法，并且因此获得了一个很棒的职位。尽管她仍然没能像自己希望的那样经常去旅行，但是这对她来说似乎也没那么重要了。她尽可能充分地利用自己的每一次旅行机会（当然了，她会安排周密的旅行计划）。

特伦特面临着同样的需求，只是具体情况不同而已。他打算利用一项研究来开启自己作为生产力顾问的职业生涯，但是他仍然不能决定他要在哪儿、解决哪个重要的生产力问题。并且如果那个问题很重要且还没有解决，那它一定是很难解决的问题，他怎么就认为自己可以解决呢？他真正的特别见解是什么？别人正在犯的哪些错误是他可以避免的？

在特伦特组建的团队的帮助下，他选择了一个具有很大灵活性的研究生项目，为自己制定了一个课程方案，以便让自己有时间进行广泛的研究。他还通过他的团队发现了一个资助机会，并获得了资金，研究如何更加有效地组织制造业供应链。从研究生院毕业之后，他进入了一家专门从事生产力咨询的公司，尽管该公司通常只招聘更有经验的人员，但是他们喜欢他的想法，所以给了他一次机会。特伦特喜欢自己的公寓，他正在慢慢地往里面填充家具。关于他的社交生活他和我说得很少，但是看起来似乎也很顺利。

李嘉图其实已经通过惊人的阅读量，探索自己的独特之处了。他想要使用不同寻常的设计细节来创建建筑风格独树一帜并且可以让人们负担得起的建筑物。但是由于他正在努力快速行动，他不得不放弃添加可能会使施工进度过度缓慢的设计。他有他的优势——这点很容易发现。他所面临的挑战是他需要保持专注，并致力于快速应用他的创意。

李嘉图的商场店铺项目获得了成功，现在他知道自己喜欢做房地产开发商了。

这三个故事告诉我们，仅仅有激情是不够的，甚至有激情和计划也是不够的，你必须还得有一个区别于他人的独特之处，或者一种优势。那种独特之处绝对包括创造力。

觉得自己没有创意吗？再想一想。到本章结尾，你不仅将看到创造力有多么重要，还将看到如何激发自己的创造力。

尤兰达和克里夫：模仿与创新

尤兰达肯定，她没有什么创意，这也是为何发生在她身上的事是完全可以预测的。

从很多方面来看，尤兰达都是一个模范员工。她在一家蒸蒸日上的公司里担任人力资源团队的负责人，她热爱自己的工作。她非常享受将正确的人与正确的岗位相匹配的挑战，并且从中获得了很强的满足感。尤兰达甚至很细心地向那些未能被雇用的申请人提供有用的反馈意见，以便改善他们的就业前景。她通过开展培训、举办会议和研讨会等方式，致力于促进她自己以及员工的职业发展。

正是因为如此，当尤兰达在公司工作了十余年后突然被辞退时，她是非常难过且失望的。她的老板试图向她做出解释，提醒她之前曾警告过她要改正一个工作表现中的弱点，她却没有做到。出于对她这些年为公司服务的尊重，老板给她推荐了一份不错的工作，并且没有提及她被辞退的真正原因。这对尤兰达而言算是个小小的安慰，尽管她似乎还不明白自己身上到底发生了什么事。

到底是什么让尤兰达丢掉了工作呢？如果你觉得她是个模范员工，她确实是，不过她是 20 世纪 80 年代的模范员工。

问题出在这里：尤兰达所在的公司是竞争激烈的市场上的一家备受瞩目的公司，他们认为员工的素质对于保持发展势头至关重要。但是在过去的几年里，该公司认为他们的竞争对手雇用了比他们更为优质的员工。他们曾要求尤兰达改进员工雇用和员工留存的策略，认为尤兰达的努力仍然不够，因为她只是在照搬其他公司的政策和方案。当尤兰达遭到批评时，她抗议说她一直在执行人力资源行业的最佳做法。他们还想要什么？结果证明，他们想要的还有很多。

尤兰达仅仅是照搬竞争对手的最佳做法，而没有提供真正的竞争优势，然而这个优势正是公司想要的，也是其所需要的，特别是该公司并没有其他竞争对手那么悠久的历史。竞争性优势意味着要创造和采用其他人没有使用过的人员招聘和留存实践方法。所以当尤兰达使用她从会议中学来的技术时，她只是在模仿，而不是在创新。换作是在过去，尤兰达的方法或许可以让她所在的公司经受住竞争的考验，但是不幸的是，我们的时代已经不再是“够好”就可以的时代了。

之前尤兰达所接受的培训就是发现其他人聪明的想法，并且进行恰当的实施。但是现在的问题是，从大学人力资源管理专业毕业的大批专业人士也接受的是同样的培训。在现在这个标准日益提高的年代，要求要更多：更长的工作时间、更高的工作效率、更少的工作失误。并且随着竞争压力的不断增大，现在我们还需要新的答案、更好的答案、创新性更强的答案。尤兰达不知道如何达到那个标准。

和尤兰达一样迷茫的还有克里夫。他正处于恐慌的边缘，担心自己最近获得提升的机会可能会从指尖溜走。作为一名热爱工程的工程师，克里夫凭借自己高度熟练的技术在公司里建立了良好的声誉。每当遇到问题时，他都会利用自己丰富的知识，以合理的成本提供有效的解决方案。由于克里夫一直表现良好，他被任命为研发部门的助理主管。不幸的是，克里夫团队的第一次会议简直是场灾难。团队成员都指望他能够领导他们，而他则希望团队成员能提出一些想法，很快他们就对彼此失去了信心。

尤兰达和克里夫不得不苦苦挣扎，因为他们的雇主正面临着竞争的压力。仅仅是更加努力、更快、更长时间地工作已经不足以应对雇主对于竞争优势的需求了。克里夫需要通过创新才能保住自己的工作，而尤兰达不知道自己需要做什么才能找到一份新的工作。尤兰达和克里夫怎么就走到这一步了呢？要记得，他们俩可都是在非常努力地追求自己的激情啊！

问题在于，他们认为有激情、教育和经验就足够了，如果是在过去的话，按说应该够了。当我敦促他们时，他们俩都承认竞争正在加剧，并且可能会无限期地持续加剧。他们也都同意，未来的工作场所也将越来越具有挑战性。

但是，尽管认识到了这一切，他们并没有采取进一步的行动。他们并没有试着搞清楚他们已知的正在发生的事情的后果，也没有想办法去应对这些后果。

我们都知道尤兰达和克里夫其实是非常警觉且雄心勃勃的人，但是他们并没有担心未来，这是不是有点儿奇怪？嗯，要是你认识到了影响他们的主要问题，就不会觉得奇怪了。

恶棍：传统思想

尤兰达和克里夫都在追求激情，但是在生活的其他方面，他们都是标准的循规蹈矩之人。他们深受家人、朋友和同事的影响，他们遵守规则，安全地待在规定的范围之内——做你的工作、做好你的工作、回家、再去工作。但是有条不紊地去思考未来绝对不能从众。正如克里夫所说的："未来似乎有点儿可怕。"的确，如果你忽视未来，它肯定会吓到你。现在，克里夫和尤兰达都吓坏了。

克里夫现在准备好了要认真对待如何创新这个问题。在他的工作自我毁灭之前，他并没有多少时间，他很清楚这一点。

然而尤兰达仍在自我否认，或者说有点自我否认吧。她看到了我建议她创新背后的逻辑，但是她已经丢了工作。“或许，”她犹豫着说，“我可以根据我的经验找到下一份工作。那样的话，当然，等我找到新工作之后，我可能需要学习创新……我是说，早晚还是要学的吧！”

“你看起来不太情愿呀。”我说。

“教授，”她说，“我就是没有创造力！”

传统思想正在麻痹尤兰达。她认定自己无法成功地改变，所以她连试都没试。她觉得，甚至希望，总是会有办法的。

我讨厌传统思想。它坐在，甚至潜伏在背景中，不动声色地塑造你的思想，从而使自己非常强大。我把它视为黑夜中的恶棍，决心腐蚀人类的天赋。我一次又一次地看到这个恶棍浪费人们的潜力。遵守规则；跟随领导；如果没坏，就不要去修——所有这些都是隐藏在陈词滥调中的传统思想的例子。当然了，传统思想也会随着时间改变，但是这一进程十分缓慢。在它发生改变的这段时间里，我们已经集体被抛弃了。虚度的一年就是失去的一年，永不复返。随着竞争的鼓点越来越急，传统思想也落后于现实越来越远。

总之，我看到尤兰达和克里夫停泊在常规的海洋之中，正朝岩石漂去。不管承认与否，他们都认为创新是老板的工作。这可是一个危险的假设。从众之人会告诉自己，创造力是特殊的少数人的事——那些人是能想出新东西的稀有人才，他们是真正的天才或者怪异的变态。这往往是大多数人避免尝试创新的绝佳借口：大多数人都无法创新，所以他们也不能！在我们想要一个问题的解决方案时，我们总是想用昨天的想法解决它，或者等待老板找到一个解决方案。所以，你还为他们事业上的挣扎感到吃惊吗？

那么我要如何将尤兰达和克里夫从传统中解放出来呢？当重要的问题已经被摆到桌面上时，绝对没有简单的答案。对我而言，充分展现才能才是最重要的，这才是真正值得为之奋斗的奖赏。

理解创新

尤兰达和克里夫需要多思考创新和它的同伴——创造力。鉴于他们抱持传统观点，他们还有很多东西要学。

首先，他们需要定义创造力。当尤兰达坚持说她没有创造力时，我问她那是什么意思。她说她根本就没有艺术才能，她这里说的艺术是指视觉、戏剧和音乐艺术。

“那与人力资源流程的创新又有什么关系呢？”我问。

“如果我没有艺术才能，我就不能创造新的东西啊！”

针对这个论断她也没有证据。很显然，她并没有认真思考过创新。艺术不是她的激情，人力资源才是。这二者有什么关系呢？只有你想成为艺术家时，你才需要担心自己的艺术创造力。

尤兰达需要在人力资源管理领域创新，她需要了解的是关于那种特殊创新的一切。

虽然阅读许多关于创新过程的书可能会有用，但是我告诉尤兰达和克里夫，他们的当务之急是先读读他们各自领域中上个世纪的创新。他们需要知道那些创新到底是什么。它们是如何产生的？是什么让它们成功或者失败的？具体是谁创造了它们？作为一个失业的求职者，尤兰达现在终于有了些空闲的时间来做她多年以前就应该在做的事情。现在虽然晚了，但是她至少开始了。

克里夫感受到了更大的压力，因为他的雇主还在等他行动，至少是等他给出一个行动计划。克里夫决心保住自己晋升的职位，所以他全身心投入，阅读电气工程领域的创新。现在他开始理解他所关心的这一类创新了。他发现自己进行的这些阅读很有意思，并且承认过去他虽然读过一些关于最近的创新的文章，但他的阅读方法既没有条理，也缺乏分析。“要是我有更多的时间就好了。”他疲惫地说。

尽管尤兰达很有疑虑，克里夫很焦虑，但他们俩都有强大的竞争优势。他们热爱自己的工作，而且阅读的主题本身就很有趣。尤兰达甚至说她觉得她读的东西引人入胜，因为她发现她所读的大部分内容她之前都不知道。想象一下，如果这不是你的激情，如果你觉得阅读的主题没意思的话，进行这么大量的阅读将是多么困难的事！

我见过太多人试图在大家公认的热门领域里进行创新。在我和他们聊天时，他们要我为他们推荐一本完美的书以满足他们的各类需求，他们通常会说那是因为他们没有太多的时间。也许吧！但是我怀疑他们将阅读视为一种折磨、一项艰苦的工作。我很少看到这些人开发出新的东西，无非就是对其他人已经创造的东西进行微小改进而已。

尤兰达花了比克里夫更长的时间来确认发生在她的领域的创新，但是她最终还是找到了。她了解到在20世纪早期的工作场所中，工作的规则是“命令与控制”。她了解了应聘者心理测试的演变过程，为何基于技能的测试在许多申请中惨遭失败，以及社交媒体已经如何快速发展到被用来招募和评估候选人了。她学到了很多，这些只是几个例子而已。但是对于之后该怎么做，她还是有些茫然。她需要找出人力资源管理当前的问题。

你的问题是什么？

凭借她在人力资源方面的知识和热情，尤兰达逐渐能够识别出一些关键的人力资源问题：如何招聘人才？如何留住人才？如何培养人才？尤兰达还看出她需要把这些大问题分解成小一些的问题。在招聘过程中，相关的问题包括知道你想要什么样的人，找到他们，让他们倾听你的信息，了解他们具体想要什么，并核实他们的资质和推荐信。她现在必须弄清楚如何排列这些问题的重要性。例如，最大的问题在哪里，因为解决这个问题将给雇主带来最大的利益。

克里夫在问题识别方面几乎没有什么进展。他努力地去理解他雇主所说的“改变游戏”的新产品究竟意味着什么。如果雇主只是说让他使某个特定的产品更便宜的话，克里夫一定会非常高兴，而“改变游戏”似乎是一种巨大的市场冲击。克里夫并没有认真思考过与他雇主相关的市场。

实际上，在这一点上克里夫对我完全坦诚——他说他从来没有考虑过这个问题。那是他老板的工作啊，他想。但是这次他非常想得到的并且积极主动寻求的晋升，已经使他成了一个“初级的”老板。作为一个正在培训中的老板，他仍然有麻烦。没办法，他私下雇了一个顾问，帮他找出关键问题所在，他自己为建议买单。他找到了一个善于提问的顾问。克里夫一直善于鉴别技术问题，但是他现在正在学习如何鉴别业务问题。

首先，克里夫需要看看哪些产品滞销了，和它们为什么滞销。哪些和公司产品类别相同的产品销量正在迅速增长？那个顾问教他如何去看。克里夫负不起让顾问去做所有实际工作的钱，但是顾问的指导让克里夫明白哪些特性可以被称得上是“改变游戏”的特性。

克里夫现在几乎整夜不眠。对于那些没有及时根据市场中出现的新变化进行自我调整的人来说，等待他们的是巨大的压力和严苛的工作时间。但是克里夫设法找到了至少一种可行的“改变游戏”的方法。他的公司有一款销量很低的产品，该产品本可以在一个大得多的市场里派上大用场，但是它太贵了。如果克里夫和他的团队可以大幅降低制造成本，那他们就能打造一款杀手级的新产品。

现在克里夫需要知道如何让这种创新发生。

你的解决方案是什么？

尤兰达正在积极做到最好，尽管与此同时她也很懊恼。你看，多年以前她曾想到一个办法，可以解决招募不到最优秀的人才的问题，但是她没有再接着想下去。

“那个时候你为什么会把这个想法搁置了呢？”我问她。

“我不知道，”她说，“或许我工作得太舒适了。我记得我当时担心它可能行不通。”

“那又会怎样呢？”我问，“会让你被炒鱿鱼吗？”

尤兰达用幽默化解了我的攻击。没关系了——尤兰达正在全速前进。她进入状态了。

尤兰达脑中有了创新的基本想法，但是她还需要一个可以操作的模型，因为其中包括了软件组件。她咨询了她的顾问小组，他们在她被辞退后就已经聚集在她身边帮助她了。她动用自己的社交关系，为她的免费顾问小组招募了一名软件专家。就这样，在朋友们的帮助下，尤兰达终于建立了一个可以操作的模型。当然，还有很多开发的工作要做，但是这至少可以证明她的想法奏效了。

尤兰达重新明确了她的求职方向，充分利用自己之前的经验以及现在关于如何改善招聘的新想法。结果尤兰达收到了不止一个工作邀请。在她的新工作中，尤兰达决定，一旦她实施了在招聘中的创新，她就将继续努力去改进。她已经了解到创新有多么重要了。

相比之下，克里夫就没那么成功了。他想出的每一个解决方案都只是已经存在的产品的新版本，并且仍然太贵了。克里夫还是在严格地按照教科书般的指示来解决问题，他似乎还是做不到提出新颖的或者创新性的点子。他团队的情况和他差不多，也是茫然无措。那么，该怎么办呢？

克里夫坚持不懈。他鼓励他的团队再次分析他们的问题。该产品中有哪个组件可以被去掉吗？没有。有没有哪个昂贵的组件可以被重新设计得便宜点？没有。有没有哪些性能可以去掉？没有，每项性能都得到顾客的重视。有没有哪项技术可以从另一个应用程序移到克里夫的产品上？没有，似乎没什么相关的。他带领团队进行了头脑风暴，并且试图找出他们或者其他公司在该产品上犯的错误。有没有未经验证的假设可以给他们提供洞察力？想不出来什么。克里夫坦言，他在想，是不是他太缺乏想象力了，所以才想不出来一项重要的创新。

我鼓励克里夫要有耐心，要继续坚持。他压力很大，障碍似乎不可逾越。当然他会有自我怀疑的时刻——这很正常。但是他忘记了创新本来就不容易。如果容易的话，就不存在竞争性优势了。我提醒他，创新也是一项熟练技能，而他只是刚刚开始练习而已。他明白了这个道理。作为一名业余的网球运动员，他了解练习的重要性。但是他也不得不练习什么时候放弃一个想法并转向另一个想法这种难以捉摸的技巧。

后来，在一次下班回家的路上，克里夫的坚持、灵感还有海量的信息汇集到了一起。那不是什么灵光一现——而是信息的凝结。在他团队工作的基础上，克里夫注意到原始的产品是针对一批大型、财大气粗的精英客户设计的。限制成本并不重要。这才是真正的问题：整个设计本质上就是昂贵的。他和他的团队一直在试图把基础设计的成本改得更低，而这就注定是一个失败的举动。

但是如果团队完全无视原始设计，而是从头开始，那么他们就可以想出一种完全不同的方法来满足与那款昂贵产品相同的要求。等克里夫到家的时候，他已经想到了多种他可以使用的低成本替代技术。最后的结果呢？克里夫保住了他晋升的职位。

“但是教授……”，创新的常见借口

我知道，为了事业成功你不得不创新这种想法吓到了那些还没有创新的人。当我提出这个论据建议人们应当创新时，我经常被告知有例外。例如以下几个。

“但是我的雇主不想让我创新啊！”

当学生告诉我这句话时，我相信他们。我相信，是因为我见过太多了。一位雇主告诉一位正在提出改进意见的员工：“这不是你的工作。”（原话就是这样说的）相反，提出创新建议不是麻烦事，也不是自负的表现，而是一种必需。那些年纪稍长的人可能经历过创新不如今天这般重要的年代，所以他们不太重视创新的重要性，甚至会感觉受到那些鼓励创新的人的威胁。我见证过律师事务所苦苦挣扎，因为它们认为争取新客户有失体面；我还看到过像通用汽车这样的大型企业失败了，因为它们没有看到和重视周围的变化。

所以当学生们来找我，说他们的公司真的不重视创新时，我当然告诉他们，是时候找另外一个雇主了，在被解雇之前先行离开，因为不重视创新的雇主很难生存下去。雇主或者雇员想要什么并不重要，最终一切都要由市场来决定。在竞争激烈的市场中，只有创新的公司才能生存下去。

“但是我在一个助人行业里工作——做社会工作——创新不适用于我。”

教师、医护人员、社会工作者以及各种顾问等一大批人往往会被认为是创新规则的例外。对于这些职业而言，人们往往觉得他们只要具有自己领域所需的能力、沟通技巧和移情能力就够了。但是他们真的不受竞争的影响吗？

以海伦为例，她是一家大型医疗机构的护士。她热爱自己的工作，受过良好的培训，从帮助病人恢复健康或实现最佳生活质量中获得了极大的满足感。然而，海伦面临着极大的工作压力，这种压力来自患者日益复杂的需求，不断增加的治疗方案选项，还有医院管理层正试图控制却不断上涨的医疗费用。所有的护士都对这种人手不足及人员配备不足带来的风险抱怨得厉害。

坚定地致力于病人健康的海伦不仅仅是抱怨——她采取了行动。她开始建议改变医院的做法和设施，以减少她和同事发现自己正在做的低价值工作。她开发了一个更好的跟踪系统，以尽可能地避免病人产生痛苦。海伦这样做引起了他人的注意。当她所在单位的护士长职位空出来时，最有经验的护士提出了申请，她一直在呼吁投入更多的资源（要知道，她的单位资源有限）。要是在过去，这个职位几乎自然而然就是她的，但是现在海伦获得了这份工作。那位更有经验的护士非常失望，我也为她感到难过。她不知道发生了什么事，但是随着时间的流逝，她已经不适合这个职位了。而与此同时，海伦总有一天会成为医院的护理总监。海伦清楚地了解医院对创新性解决方案的需求，并且知道如何操作。

还有布鲁斯，一个致力于处理有自杀倾向的青年的精神健康问题的顾问。我很难表达出他对防止青年人自杀的激情和献身精神。当我遇到布鲁斯的时候，他一直在利用他学到的全部培训知识和经验帮助那些被他照顾的人。但是布鲁斯并非全部成功，每一次失去他都感同身受。事实上，对于布鲁斯从事这样一种痛苦而艰巨的工作，他的家人对他自身的精神健康感到担忧。我问他为什么没想着去创新，他对我建议的第一反应是置之不理，认为我是在开玩笑。然后他又想了想，并且开始思考同样的问题。

他的主管曾经告诉过他："我们不可能挽救所有人，我们只是尽我们所能。"突然，那些本来用作安慰的话语现在听起来都很空洞。或许我们不能挽救所有人，他想，但是我们需要找到更好的方法来帮助他们，而不仅仅是尽我们所能。那意味着要找到更好的办法来完成工作。布鲁斯因此变成了一个积极进取的创新者。他对最初用来识别高危青年的筛查工具不满意，于是开发了自己的筛查技术，并且签订了必要的研究协议以验证这些技术。

那些助人行业里的人真的相信在每个层次上都没有进步的空间吗？教学？医疗？咨询？如果你正处于助人行业，或者想进入助人行业，你为什么会认为改进总是必须来自他人呢？难道你不是经常抱怨给你的新工具不能很好地发挥作用，因为它们是一群象牙塔里的学究研发的吗？难道一线员工不才最适合开发改进这些用于服务的实用型创新产品吗？太多有才华的人只是等待别人采取行动，而自己从不行动。这对那些承诺帮助别人的人来说，是多么奇怪的反应啊！显然，那些承诺并没有延展到为了帮助他人而创新的地步。我触动你的神经了吗？我并不感到抱歉——我的意图就是点燃你脑中的火花。

“但是很显然你选择的都是一些特例，教授。大多数人并不能像海伦或是尤兰达那样创造工具，或者像克里夫那样取得重大突破。”

我要承认，我在本章中所讲的故事的主人公并不是那些普通劳动者。但是记住，我们谈论的是通向成功的事业，而不是普通的工作。如果你认为这些就是我所知道的屈指可数的几个例子，那你就错了。他们虽然还不是大多数，但是他们的数量一直在增长。正是因为他们的数量在增长，所以才会有越来越多的公司期待“特殊的”人才。

事实上，我认识来自各行各业的通过创新而加快事业进程并服务社会的人。有人的创新加快了企业流程；有人淘汰了整个职能（以及他们部分同事的职能）；有人发现了新的市场或者给已经成熟的市场重新注入了活力；有人降低了成本或者提高了生产力；有人提高了成功提供社会服务的可能性；有人开发了全新的产品系列；有人创造了新的营销技术；有人创作了新的戏剧艺术；有人创造了新的专业服务；有人在混乱出现之前就带来了洞见。事实上，我在策划本章时遇到的问题是，可以分享的例子太多了，而不是缺少可以分享的例子。但是所有这些故事都有一个共同的主题——创新让这些人领先。

为什么我如此肯定你也可以创新？因为我看到过很多背景迥异的人非常成功地创新，并且继续用这些创新来描绘出通向成功的事业。

总结创新

让我们先说明一点：当一个创新者是一项艰巨的工作。准备和执行一个想法需要时间，并且可能挫败感巨大。对于你所在领域的创新，我无法给你所有你需要的答案，因为我不了解你的领域。但是你了解。或者说你应该了解——你应该了解它的前世今生，以及未来的发展。你需要了解它的一切，从而知道它还缺少什么。

除了阅读并仔细思考你的未来之外，我还要告诉你其他一些事：找到你 9 岁左右使用的已经生锈的想象力，擦掉上面的灰尘，重新激活它。还记得当你环顾房间，确定哪些材料可以搭建一个合适的堡垒的时刻吗？现在你需要的就是同样的创造力、同样的想象力。

在人人都盼着创新速成的世界里，想象并不是一个进展很快的过程（事实上，它需要更多的工作）。这就是为什么你需要认真管理你的时间。你要严格自律，保持专注，避免分心。你之前已经在本书中看到过自律这个词了，你现在还在和我一起读这本书，就说明你相信自律的重要性，就凭这一点，你已经领先于大多数人了。

尖锐的问题，诚实的答案

1. 你的独特之处是什么？
2. 你如何利用你的创造力？
3. 你能帮助你的雇主解决什么问题？如何解决？

第7章 重新定义自己

我明白，一想到要推销自己，你的口中就出现了苦涩之味，对吧？我都明白。可悲的是，太多的人似乎一想到必须要走到现实世界中去推销自己或者自己的想法，就不由自主地发怵。

但是我还是要再次提醒大家，我们得现实点儿，记得吗？事实上，如果你不能为自己策划有效的营销活动，那么其他所有的步骤就都是徒劳的。好消息是你不必说“我很棒，看我”这类的话，而是可以说“我有一些很棒的想法——你觉得这些想法怎么样”。因为如果某人或者某个公司喜欢你的想法，他们就会想要你这个人。

你必须能够部署所有的准备工作，并且确定自己的过人之处。这个世界需要知道你有什么与众不同，以及为何这种与众不同让你价值倍增。这一信息必须明确并且贯穿你的整个职业生涯。无论你是像希瑟和特伦特一样刚刚开始工作，还是像李嘉图一样正在改变职业，这种营销都至关重要。

自我营销对于推进现有事业也同样重要。太多人制订了一个有效的职业生涯规划，从而获得了一个很好的机会，但是随后他们的规划就失误了，因为他们做了一个疯狂的假设，认为虽然工作来自规划，晋升却会是自动的。过去也许是这样，但现在不是了。请记住，你的规划是为你整个职业生涯的成功而制订的，而不仅仅是为了获得一份工作。

消除让人生厌的因素

我们需要应对的第一件事是对推销自己和自己想法的恐惧。

尽管我们生活在一个自拍和自我宣传的世界，大多数人却对面对面地公然推销自己感到很不舒服。不知何故，他们觉得这样有失身份。一位朋友告诉我，她看到过的最悲惨的景象之一，就是一个穿着吸血鬼服装的男人，在书展上免费发放他自己写的吸血鬼小说。“那种感觉已经不是令人沮丧可以形容的了，”她说，“甚至都没有人愿意和他进行眼神交流，因为我们都觉得他急于引人注意的样子使他看起来很尴尬。”

还有一些人想要推销给你某件产品，即使你想在大街上躲过他们，或者挂掉他们的电话，他们仍会热情到让你想不粗鲁都难。这些都是可怕的销售例子，如果有人想要用这样的方式来推销自己的想法，最好还是三思而后行。

换句话说：不要担心。我不会建议你采取这样的极端措施。恰恰相反，推销自己——让别人相信你的价值——是一种更为微妙的艺术，它并不需要让人讨厌或者戴上吸血鬼的牙齿就能掌握。

定义你自己，否则就会有人来定义你

巴特是一位充满激情的园林设计师，他的创作神秘又美丽。他的客户经常评价他的作品独特、惊人、杰出、前无古人。但是他有一个很大的问题。他的作品往往要价很高，并且他很快就耗尽了他当地的客户群。此外，因为他的创作极其优秀，在他完成之后，没有人想再轻易地改动自己的花园。换句话说，他几乎没有什么回头客。

不过巴特很聪明，他决定创新。他开始使用较为便宜的材料和植物来降低成本并扩大市场。不幸的是，他一直以富人家的园林设计师闻名，所以他在当地出版物上刊登的寥寥几个广告只为他带来了屈指可数的几个潜在客户。即便如此，当他遇到一个潜在的新客户时，他也很难成功地拿下订单。

我认识巴特很多年了，他来看我，和我讨论究竟出了什么问题。他充满激情又拥有技能，他的新型低价花园看起来要比他之前设计的版本更引人注目，但是他被默认的荣誉所困扰。他从没想过成为富人的园林设计师。我问他想成为谁的园林设计师，他说："那些懂得欣赏丰富多彩的植物和花朵所带来的规则美的人，我希望成为他们的园林设计师。"说话时，他迷离的眼神告诉我他有多么热爱他的工作，因为很显然，在我们说话时，他脑中正在勾勒他的花园。

但是巴特想要的客户并不是被他的名声吸引来的那些客户。他被困在错误的身份之中，这种身份不仅限制了他的艺术自由，还限制了他的收入。巴特担心他可能不得不举家搬迁，到另一个他并不那么有名的社区重新开始。

巴特需要主动出击，重新定义他的专业形象。当然，如果他最初就按照自己的意愿定义自己，而不是摆脱一种形象再去重新打造一个，情况会好得多。让严峻的局面更加严峻的是，他很明确地表示他不想成为一名销售人员。

“你为什么这么不情愿推销自己和你的设计创新呢？”我问他，“难道你不相信自己的能力吗？还是不相信你的创意的质量？”

“根本不是这些问题，”巴特坚持说，“我就是不想让人认为我是一个小商贩。我是说，谁会喜欢一个推销员呢？”

嗯，也许巴特自己就不喜欢推销员。我得承认，没人喜欢那种咄咄逼人的推销电话。但是事实上，上百万人都会向销售人员寻求建议，指导自己买车、电子产品乃至化妆品等所有的东西。巴特要确保自己不会被当成一个可耻的销售骗子，这没错，但是我怀疑在他的不情愿背后还有许多其他原因。

慢慢地，巴特不愿意被当作小商小贩的原因逐渐显露了出来——他很害羞。他的羞怯并不明显，因为他并不是一个反社会的孤独者。他已婚，还有一社区的好朋友。但是在一群陌生人中——比如潜在的客户中——他显得很不安。当他认识某人之后，他会感觉舒适一些，但是这往往需要相当长的时间。那么这个天生安静的人要如何成为自己的能派上用场的支持者呢？巴特会因为他害羞的个性永远处于一种劣势吗？

我不得不承认，巴特以及许多像他这样的人，在推销自己的想法时确实会处于不利地位。但是他至少应该做出尝试，他的性格不应该成为他破产的借口。我并不是建议他进行激进的性格移植，因为他不是去竞选市长，也不用走到哪儿都成为人群中的焦点。但是事实是，我们所有人，不管是以何种方式，要想成就通向成功的事业的话，都不得不离开我们的舒适区。你们信任的教授，一个曾经的害羞的乡村男孩，也不得不这样做。可以说在巴特眼中不可改变的个性特征并不是不可改变的。

“但是教授，”我经常听到这样的回应，“我得忠于自己啊！我就是我。”当我鼓励他们走出自己的舒适区时，他们往往会这么说。但是事情并没有那么简单。如果巴特要忠于自己，那么他也必须忠于自己的才能。那么哪个真理得让路呢？是他才能的真理还是羞怯的真理？

那就是巴特不得不面对的尖锐选择。我直言不讳地问他：“如果你死了，你是希望你的家人和社区记住你是个害羞的人呢，还是希望他们记住你的花园？”巴特没有多加思考便选择了花园。如我所说，美丽的花园是他的激情。他的激情给了他勇气。（想想如果你很害羞，又对你的产品没有任何感情，要推销起来该有多么大的压力啊！有没有想过为什么那么多的销售人员看起来缺乏诚意？因为他们就是没有诚意。）

巴特看到了打破舒适区的智慧。不过，他还是对面前的任务感到害怕，因为那可不是个小任务。但是他的故事也显示出了明显的一线希望：有很多方法可以定义和推销你的工作。这并不容易，但是巴特至少可以选择他的独特之处是什么。

我会在本章晚些时候再回来讨论巴特的困境，那样你就可以看到他是如何找到解决方案来克服他的羞怯和不愿意推销自己这种心态的。

用言语定义自己

“语言是肤浅的，”我之前的一个学生斯坦利曾说，“营销不过是靠卖弄辞藻来迷惑或操纵人罢了。”我不能否认这一点，是的，有时候是这样的，但并不都是这样。

不幸的是，我们中的很多人对自己表现自己并没有什么经验。这种实践的缺乏极大地限制了求职者发挥面试技巧，让他们的职业发展前景一落千丈。他们当然知道自己应该好好表现，他们也知道应该穿着得体、握手坚定。他们的简历必须遵循标准格式，没有拼写错误。他们还知道要询问有关未来工作职责的理性问题。结果呢？一群克隆人说着几乎一样的事情，几乎没有明显的信念或者激情。

斯坦利就是那种遵循芸芸众生模式的人之一，尽管他深切地关心自己的厨师职业生涯，并且出奇地具有创造性。但是他并没有对言语的能力表现出足够的尊重，并且无意中将自己表现成了一名部队厨师，就是那种从专业烹饪学校毕业的众多厨师之一。对于他自己或者烹饪，他什么有意思的话也说不上来。他的简历上有一个让人印象深刻的烹饪认证，还有几次厨师工作的经历，他决定让简历为自己代言。

斯坦利来见我时，正在一家全球连锁酒店的厨房里当厨师。在重复一百万次准备同样的菜之后，他无聊到崩溃了。他向我寻求“一些技巧”来寻找更好的工作。他非常沮丧，因为他有很多关于如何准备各种新式菜肴的想法，但是没有机会尝试。除了在电影中，战斗中谁会让一名普通士兵去率领千军万马呢？斯坦利现在已经准备好尊重和接受言语的力量了。不迈出这一步，他担心自己的事业会陷入僵局。

记住这一点：言语向世界和你定义你自己。我已经听过成百上千有才华的男女的自我介绍了，他们试着谈论他们自己，他们的兴趣以及他们的目标，却总是失败。即使我问了很多尖锐的问题，他们的回答也依然游离宽泛，没有到达任何目的地。当你不得不用几句话来表现自己的才华时，你会发现这有多么困难。所以让我们一步一步来。

电梯推销词：简短、独特、诱人

“电梯推销词”这个短语起源于创业投资者，他们坚持认为企业家们应该能够在通常搭乘电梯所需的 15 秒之内描述自己的事业。换句话说，你应该用简短的几句话形容你自己和你的想法，所以无论场合多么随意，你都可以“推销”自己。目标就是不要浪费任何营销机会。

听起来过于激进了吗？听起来你应该始终处于推销模式？你是不是觉得这种方法就像是“这个世界怎么了”一样，所以在翻白眼？这么说吧，这种永远对机会保持敏锐的看法就是我们这个世界竞争压力的自然结果。如果你对这些压力不太了解，那么请回到第 1 章再阅读一遍，复习一下。

“但是我并不想成为企业家啊，”当我告诉学生们电梯推销词时，很多学生坚持说，“我只是想要一份好工作而已。”即使是这样，你依然是一个企业家啊！你的企业就是你自己——这是一个必须被定义、抛光和销售的企业。事实是，成功的企业和成功的职业生涯之间的关系比你们想象的要紧密得多。所以，进入创业者的状态吧，让我们一起学习如何推销自己。

维奥莉特是一位充满激情的艺术史学家，在她的领域里似乎没有什么是她不感兴趣的。艺术中比现实夸张的人物个性，艺术中的基础工艺、历史背景、社会影响和隐喻解释，所有这些都让她着迷，而这些还仅仅是她兴趣的一部分。（我学会了不要问具体的事情，例如壁画的绘画技巧之类的，因为她会……连篇累牍地回答我。）她说话时充满激情，与她谈论艺术会让你感觉既刺激又疲惫。尽管如此，她从未真正地定义自己，因此，她的事业也陷入了僵局。

维奥莉特有很多话要说，但是就是说不到点子上，或者说她说的方式不对。她现在还在干着她毕业时找到的第一份工作——在一家信誉良好的艺术画廊当兼职策展人。尽管她已经在那里工作了 4 年，却并没有在短期内获得提升的迹象。她也申请了其他画廊的工作，却一个也没有成功，其实她连面试的机会都很少得到。画廊圈里人们之间关系紧密，维奥莉特参加了她能参加的每一项活动，她觉得在那些场合可以有效地进行社交。总之，维奥莉特不明白问题出在哪儿。她甚至养成了一个习惯，随身带着一面化妆镜，强迫症似的检查自己的牙齿——也许她觉得她总是塞牙，这就是问题所在。

为了找到真正的问题，我要求维奥莉特进行15秒的电梯推销，结果我得到的是四段式的布道，如果我不打断她，她还会继续说下去。难怪她进行的社交没有什么收获，这种结果与她的牙齿无关。

我的意思并不是说维奥莉特应该说："你好，我是维奥莉特，艺术史学家。"那只是打个招呼，而不是推销。推销的目的在于引入进一步的对话，有目的的对话。但是首先她必须引起别人的兴趣。所以，我首先建议她不要再告诉别人为什么她对艺术很感兴趣；相反，维奥莉特需要让与她谈话的人对她感兴趣。这也就意味着要迎合听者的需求，而不是她自己的。如果你们认为营销在本质上是低俗的，请注意，你应首先关注别人，而不是自己。

"告诉我，"我说，"你的激情如何能够帮助别人？"

"什么别人？"

"那些需要你帮助的人，"我回答说，"是那些购买艺术品的人吗？经营画廊的人？参观画廊的人？还是上述所有人？"

"是的，他们都是……我可以将自己定义为帮助收藏家购买优质艺术品的人。"她提议。

我说："好些了，但还远远不够突出。不是好多艺术顾问都会这么推销自己吗，如果不是大多数顾问都这样的话？你需要一个更加清晰的定义，一个特别的创新见解。还是说——"我轻描淡写地说，“你只是刚好能够胜任？”

维奥莉特瞪大了眼睛看着我。她知道我说她刚好能够胜任绝非赞扬。“怎么会啊，”她说，“你知道的，教授，我可不只是刚好能够胜任啊！”

“为什么这么说呢？”我问她。

“因为，”她很快地说，“我比大多数所谓的专家有更加全面的艺术视野。”在她跟我生气的过程中，我看到希望之光逐渐亮了起来。“我可以说我能发现别人发现不了的新艺术家。”

“停，”我建议说，“这就是你推销的基础。”维奥莉特需要意识到她想要继续滔滔不绝的倾向，并且要学会在用简短的话语下好鱼饵之后往回拉，让其他人问她是怎么做的。

请注意现在维奥莉特推销词的特点：

1. 简短
2. 独特（“我做别人不做的事情”）
3. 以邀请听众询问更多信息的方式表述

让我们再分解一下这三个特点。在维奥莉特可以简洁地描述她的才能之前，她首先得弄清楚自己的才能是什么。她需要决定什么是重要的、要分享的，什么不是。她得将自己的才能删繁就简，精炼出最基本的精华要素。最关键的是，她不能泛泛而谈，不能轻轻松松地说着那些概括性的东西。维奥莉特最好的电梯推销词就是：“我可以发现别人发现不了的新艺术家。”完美。

这是最好的沟通法则之一：让其他人提问，然后你再回答。

这可能意味着听众是真的在听。

我听到过很多人表达这样的恐惧：“但是如果我的兴趣与雇主寻找的不一致呢？谈得宽泛点儿是不是更保险，这样至少他们可以更灵活地把我安排在他们想安排的地方？”是的，你或许可以适应他们的工作，但那可能不是你的工作，不是你应该拥有的工作，不是你的才华所需要的那种工作。

巴特也必须创造一个推销词。他对那个15秒的规则非常感兴趣，因为说的话越少，他越舒服。“我建造美丽的花园。”他尝试着开始。

“你觉得那与你的竞争对手形成鲜明的对比了吗？”我问他，“你觉得他们会说他们建造丑陋的花园？”

“哦，对啊，”巴特笑着说，“有道理。”

“你的花园是怎么个美法呢？”我问道。再次申明，推销的目标就是通过直击事件的核心来界定自己的过人之处。巴特费劲地想了想，这个寡言少语的人知道自己的想法，但是还从来没有真正用几句简短而精练的推销词来表达过。他是那种老派人，很老的那种老派，老到生活在“你的工作会为你代言”的时代的那种老派。

巴特安静了很长时间，然后说道：“在我设计的花园里，美会以一千种惊喜的形式呈现在您眼前。”

这是个很棒的推销词——它会让人问一个显而易见的问题：什么样的惊喜？就这样，一场对话，一段关系就要展开了。和维奥莉特的推销词一样，巴特的推销词简短而有趣，就像一个勾上了诱饵的鱼钩，等待着兴趣上钩。

巴特和维奥莉特现在的推销词具有独特性，不太宽泛，重要的是，它们也不狭隘。让我再说明一下，因为这一点很重要。想象一下，如果维奥莉特说她喜欢 1936~1940 年在意大利南部工作的印象派艺术家的历史，她的前景会怎样呢？如果巴特说他喜欢种满樱桃树和雏菊的法式花园，你觉得他会取得进展吗？可能不会。但是人们总是这么说。如果有人声称他想使用迪士尼的 3D 成像技术，用漫画风格的剧情模式来演绎经典的卡通人物呢？这是一种对工作的想法，甚至可能是一种颇具创意的想法，但并不是对其才能或其特别之处的精确描述。推销词的目标是要尽可能简洁地说明你想要创造的工作主体。巴特和维奥莉特有这种远见，它将推动他们的职业生涯，并为他们设定方向。

最后，请注意，维奥莉特和巴特的推销词可不是在骗人，而是真实和真诚的。维奥莉特真的研究了许多因素来挖掘那些被忽视的艺术家，并且确实做出了成果。巴特的花园里处处是惊喜，创意层出不穷。广告中必须有事实，这才是成功的唯一途径。你不能只靠吹牛皮来开拓一项通向成功的事业。

后续段落：鱼钩与钓鱼

吸引了听众的兴趣之后，巴特和维奥莉特需要创建一个脚本来应对后续问题。巴特需要展示他如何将惊喜融入景观园艺这种非常古老的艺术形式之中，而维奥莉特则需要解释她的综合方法是如何被用来找到被忽视的艺术家的。他们需要创建一个段落而不是一章的脚本。在这个缺乏时间的世界里，简洁永远是人们的朋友。

不过后续段落的第一个目标其实不是回答“如何做”这个问题，而是要强化这种吸引。用钓鱼的行话说，就是你猛拉鱼线，收起鱼钩，这样鱼儿就不能挣脱了。交际和营销环节也是同理。提出观点的人和听取观点的人之间的关系是非常脆弱的。所以巴特为了回应听者表现出来的不明确的兴趣，首先需要巩固这种兴趣，维奥莉特也是一样。巩固听者兴趣的最好办法就是用相关事实让听者吃惊，而不是用观点。给别人留下深刻印象的最快的方法之一，就是告诉他们与他们的想象大不相同的事情。现在看起来有趣的是你，而不仅仅是你的想法。听者心里想知道还会有什么惊喜出现。告诉他们一个让人吃惊的事实，一个就好，而不是一堆，否则很快你就会看起来像是个傲慢无聊的家伙，他们会像躲瘟疫一样对你避之不及。巴特本来就不喜欢和陌生人说话，所以他会在只讲一个事实这方面做得很好。相反，维奥莉特则不得不克制自己，因为她的讲话风格太热情了。

巴特苦思冥想他的事实是什么，并且逐渐意识到两件重要的事。第一，在试图弄清楚什么事实可能使听众惊讶的过程中，他开始将自己置于他们的位置。这完全正确。倘若你不能想他人所想，你就无法赢得别人的支持。如果你能弄清楚什么会让他们感到惊讶（或者让他们微笑或者皱眉），那么你将看到他们会如何回应你的整个论点。

第二，巴特看到一个令人惊讶的事实往往会激发一种具有创造性的洞察力。他明白他过去的顾客喜欢在他们的花园里布置其他人没有的东西——他们喜欢向来访者展示新的、非传统的植物。因此，巴特选择他的观察作为段落的开头，即他认为有很多种植物可以用来装扮花园，而普通的花园中用到的植物不到可以用的1%。（他不确定具体的数字是多少，但是根据他训练有素的眼睛的观察，这是个近似值。他决定要得出确定值。）这句话的含义很清楚，仅以两句话就表达了出来，那就是巴特的设计使用了很多种不同的植物。让我们来看看巴特的脚本。

听者：你是做什么的？

巴特：我是一个园林设计师，我专门设计藏满惊喜的花园。

听者：什么样的惊喜？你是怎么做到的？

巴特：其实很简单，真的。让我感到吃惊的是，一般的花园只用了不到1%的可以使用的植物。相比之下，我的花园至少包含可用植物种类的10%。当然，我必须非常小心，以确保这些高度不同的植物相映成趣。

（在这里提醒一句：永远不要对正在听你推销的人说“你知道吗……”这样的话，因为那听起来太高人一等，太咄咄逼人了。）

那个10%的基准是巴特在编写他的脚本时得出来的。必要性总是能燃起好点子，很有意思对不对？巴特已经在思考他从未考虑使用的植物了。

维奥莉特遵循了类似的方法，制作了下面的脚本。

听者：那么，你是做什么的？

维奥莉特：我是一名艺术顾问，我喜欢发现一些其他人错过的艺术家。

听者：真的吗？你经常能发现被别人忽视的艺术家吗？

维奥莉特：是的，很经常。我发现，20世纪最杰出的50位艺术家中，有30位是在他们死后才成名的，这对我来说是一项很重要的启示。不过如果你从更加广阔的角度去看，会发现伟大的艺术其实有很多共同的元素。

（在维奥莉特和我编写她的脚本时，她并没有使用确切的数字，尽管她很想找到。）

当然，推销词的目的仅仅与特定的对象有关；对于巴特和维奥莉特而言，他们的对象是花园爱好者和艺术爱好者。现在巴特和维奥莉特都在与他们的潜在客户进行对话。他们可以随时微调他们的电梯推销词和后续段落，并且把它们用在社交场合、工作面试、销售陈述以及鸡尾酒派对上。

单页报告：深入对话的谈话要点

一旦你吸引了你的听众，并用你引人入胜的事实和与众不同的创新迷住他，就该趁热打铁，敲定这笔生意了。单页报告是一系列谈话要点，你可以在其中讲述有关你领域的一些更为有趣也更为重要的事实，可以用例子证明你关键创新的性质，也可以为不同的群体提供不同的主意和建议。一定要把这个部分写下来。

当然，你并不会在谈话过程中把它从口袋或者钱包里拿出来参考，但是把它写下来会帮助你巩固、整理和记忆你的想法。下面是维奥莉特的单页报告。

维奥莉特的单页报告

• 谈谈米奇·奥唐内尔和他疯狂的故事，他被发现是因为他为孩子的学校拍卖会做艺术品。（人们喜欢这个故事！）

• 提一下加布里埃拉，她是我去艺术学校和学校老师谈话时发现的，她的作品现在价值数十万美元。

• 谈谈其他专家只阅读业内期刊来寻找人才，而忽视了社交网站这样的来源。

• 对于更加传统的客户：一定要讲讲我如何通过与一家受人尊敬的酒厂合作，带着数百人去参加一个画廊展览的故事。

那些一直在接受这个建议的人通常有一种共同的担心，认为遵循脚本听起来会很假；他们想即兴发挥。不幸的是，他们后来经常会承认他们的即兴对话并没有进行得那么顺利。除了忘记关键点之外，他们经常会脱离主题，发现自己进入对话的死胡同，或是把同一句话重复了三遍。

第一次练习脚本很容易听起来很木讷或是很假，的确如此。当你第一次和这样的人交谈时，听起来会很做作，特别是如果你觉得你听起来像我，而不像你自己的时候。但是到了第十次，好像施了魔法一般，你就会听起来像你自己了，即使你说的还是与前九次相同的话。为什么呢？你只不过是适应了你自己的声音在说你不再感到新鲜或者尴尬的话罢了。

还要记住这一点：言语很重要。还记得我们的厨师斯坦利吗？他设法抛弃了他对营销的成见，很快便收到了很好的效果。他把自己介绍为“一个喜欢以高档的形式呈现令人满足的食物的厨师”。谈及如何在酪乳炸鸡胸肉上加上芹泥从而改变这道菜，或如何将奶酪通心粉与珍宝蟹一起烹饪并用一个西班牙风格的小陶瓷盘子盛上来时，斯坦利总是非常享受。在实施新战略之后不久，斯坦利在一家以创意美食和勇于冒险闻名的餐厅里找到了一份新工作。

用行动定义自己

正确的言语尽管对定义和宣传你的独特才能至关重要，却仍然不够。虽然字斟句酌、精心准备的话语可以表述你可以做什么、做过什么、想做什么，但是向别人展示你已经创造的东西才是最强有力的说服性行为之一，其效果不容小觑。是的，巴特应该描述他愿景中充满惊喜的花园，但是没有什么能够替代向他的潜在客户展示他曾经打造的一座花园——他可以通过明信片、名片、个人网站，甚至是他手机上的一张照片来进行展示，这取决于谈话的正式程度。巴特在这个空间里感觉很舒适——他一直很乐意让他的作品为他代言。

那么维奥莉特呢？她可以展示什么样的代表作品呢？她可以

展示她发现的被别人忽视的艺术家的作品。她可以组织一次画廊参观，展示她发现的伟大艺术家的标志。巴特和维奥莉特都拥有一个优势，那就是做可视的、实体性的产品。斯坦利可以随时为人做上一餐，或是用照片展示他的摆盘技术。

作为一名正在找工作的律师，凯莉没有这样的优势。她能做什么呢？起草一份合同样本？控告某人玩忽职守？她可以很容易地用语言来描述她独特的见解，但是如何展示呢？例如，她强烈地感受到公司章程可以营造出人性化和高效率的工作场所，但是不论凯莉如何慷慨激昂地阐述这些想法，在目前的工作中，她都还是受困于起草那些常规合同，只是不时地进行一些不重要的更新而已。

换句话说，没有人会因为凯莉的想法而给她机会，他们需要真实的、可见的证据。这也是有道理的，鉴于现在诈骗者、冒牌艺术家、谎言专家、吹牛皮者、奸诈商人如此之多，听到语言描述后的第一反应是怀疑也是情有可原的。虽然言语非常重要，但是它在很多方面也很廉价。说你会做什么事情比你实际去做什么事情要容易得多。那么当没人愿意给凯莉机会时，凯莉要如何克服这个障碍呢？

除了怀疑之外，凯莉还面对着另外一个敌人：缺乏想象力的文化。这种文化缺失是任何追求通向成功的事业的人都要面对的最可怕的障碍之一。通向成功的事业是由激情引起的创新驱动的，但是这种能够看出哪些事物可以创新的远见对于那些没有想象力的人而言是很难把握的。（这也是缺乏想象力的人往往背弃通向成功的事业的部分原因。）

要应对这双重障碍，凯莉需要一份她充满想象力的作品的样本。问题是什么呢？对于一些充满激情的事业而言，样品的本质并不是很明显。

凯莉在这个困境中挣扎了一段时间。她为学术期刊撰写了几篇论文，在几场会议上做了发言，并且在资深律师面前提出了自己的想法。她的努力也使一些人模糊地表达了兴趣，但是并没有发生任何有实际意义的事情。凯莉现在不确定她是否应该继续沿着这条路走下去。或许她应该多想一些其他与此类似的发展路径，但是她觉得自己很可能还是会回到原地，止步不前。

是的，凯莉可以继续努力尝试，或许多年以后她可以成功。在许多情况下，长期坚持会从通向成功的事业中得到回报。但是这是一个风险较高的选择，因为它需要很长的时间才能见到效果，而在这段时间内，更多的事情可能会发生变化或者出现问题。对凯莉而言，成功肯定是宜早不宜迟的。如果她能更早成功，她的一生将更具创造性，这对每个人都好。

凯莉需要运用她的聪明才智来制造她的愿景样本。她需要采取行动。现实的问题就是，凯莉需要弄清楚她想法的最简易的实现形式，但要让它有足够的说服力。她做了几个实验，也几次进入死胡同，但是她最终做成了。她找到一家小型慈善机构，并自愿帮助他们重新制定公司章程以改进他们的业务。凯莉要求的回报就是允许她评估新的治理结构的影响。之后她在更大的慈善机构里重复了这个过程，并且最终获得了她想要的关注。

最后，请记住：每个职业方向和想法都要求有自己独特的方法——没有放之四海而皆准的方法。我们在第 6 章中讨论的人力资源专业人员尤兰达利用她的团队帮助她建立了一个模型。护士海伦制定了一个方案来改变她单位工作流程的一个方面，并且主动实施。你可能还记得那个房地产开发商李嘉图吧？他把完成一个小项目作为第一步。特伦特则将他硕士学位的研究作为他想法的样本。在某些情况下，你需要做一些投机性的前期工作，没有报酬。事实上，你可能还需要承担一些直接的费用才能创建你所需的样本。

请注意，通常情况下的无薪实习和我们上面讨论的工作样本还是有区别的。虽然实习可以提供工作样本，但那些样本往往是依据实习生主管的要求而做的，那不过是日常工作而已。但是在我们的例子中，核心思想是要展现创新，而不仅仅是能力。如果能有更多的实习生意识到这种可能性就好了，那会让他们的存在感更强。

• • •

我将首先承认，本书的这一部分提出了一个颇具挑战性的行动方案。即使你在自己的激情领域里工作，创新也还是要求很高，而且常常令人沮丧。即使你实现了创新，你也还没有完成所有要做的事，原因我已经告诉你了，你需要努力打造出一整套推销的模板来改进自己的创新之处。无论是什么魔鬼在阻止你推销你的愿景，你都要与它斗争。你需要决定如何利用一段精辟的电梯推销词来定义你自己，并促使你的听众提出更多问题。之后你需要准备将那段推销词扩写成一个段落，最后成为一段完整的对话。你需要准备好展示你独特的优势，而不仅仅是描述。在做这些事情的时候，你一定要使它看起来非常自然。一旦你完成了这些之后，你必须做一项非常重要的工作，那就是实际执行你的职业生涯规划，这也将是下一章的主题。

尖锐的问题，诚实的答案

1. 你的想法的电梯推销词是什么?

2. 你的后续段落是什么（鱼钩和如何做)?

3. 你的单页报告是什么? 你针对不同听众强调的不同点是什么?

4. 你计划如何展示你想法的优势?

第 8 章

计划不是完美的，在执行中调整

如果没有小心、持续地执行的话，那么规划过程就无效了。执行要求专注并艰苦地工作，而人们很容易就会找到借口放弃所有的努力。事实上，我知道的职业规划中，有半数在完成之前或者在人们找到第一份工作之后就流产了。没有人能够给我一个很好的理由说明他们为何放弃。（在下一节里我们将深入研究他们给出的借口。）

定期重新评估你的规划，并且在必要的情况下进行修改，这一点和强有力的执行一样重要。要严格执行你的计划，但是也不要严格到看不到改进的空间或者不愿意做出改变。计划出现意外变化并不意味着退出，或者完全抛弃它。所有的计划都会调整，而好的计划可以应对路上的弯道甚至是颠簸。举例来说，每个计划都应该考虑到在经济衰退或者裁员的情况下应该怎么办。到那个时候，你要如何修改你的计划呢？在许多情况下，我的学生不会完全抛弃他们的计划，而是会用某种临时性的工作来凑合。有一个计划可以帮助他们瞄准长期的焦点，同时经受住随之而来的各种问题的考验。

重新评估你的计划，并判断是否需要修改，其关键很简单：创立基准。这些是本书第二部分介绍的所有指导方针都需要的临时步骤。如果没有基准的话，你如何知道你的计划是否正在起作用呢？你不会在没有每月检查公司运行情况的前提下去设定年度预算的。公司永远不会忽视建立基准，而你的公司也不应该忽视这一重要的步骤。俗话说："不能衡量则不能管理。"（但是请注意，在你重新评估的过程中，你可能会发现你采用了错误的基准。）

为了更好地了解基准，我们来看看我在第5章中讨论的策略之一：确认、获得并强化你所需要的关键技能。你可以清楚地看到，有三个待办事项，而不是一个，事实上还有更多。如果获得你所需要的技能要上研究生院，那么基准则可能包括研究合适的项目和访问在考虑范围内的学校。我还没说完！更进一步的基准可能包括向教授和在校生咨询，评估该学校适不适合你。想想你计划中的每个步骤可以包含多少个基准吧！设定具体的日期，并在这一天检查你的基准，评估一下你是否还在正常的轨道上。有时候，你会注意到其中的某个步骤无法正常推进。或许当你研究合适的项目时，你了解到对你而言最棒的项目将花费你预期时间的两倍才能完成，因此你需要修改计划。设定基准、审查、修改、重复，这是你向前推进的方式。

三个关键问题

以上步骤虽然很有逻辑（设定基准、审查、修改、重复），却不容易被有效地遵循。在当今快节奏的经济市场中，你必须对永不休止的新数据流做出快速反应。你必须有贯穿始终的目标，同时在战术和执行层面展现出很大的灵活性。在某些方面，这两个优先事项是对立矛盾的。无法平衡二者导致很多人被动反应而非主动思考。

我的学生尼尔森把每件事都做对了。他认真地确认了他压倒一切的激情——平面设计——并且制订了一个周密的计划，以提升他的创新技术，并推销自己和自己的想法。他知道自己想成为一名艺术总监。不幸的是，在他的计划启动之后不久，他的事业就停滞不前了——他没有达到他设定的追求理想工作所要达到的某些基准（就他的情况而言，这个基准就是晋升）。他重新思考，调整了计划，创立了新的基准，并且重新开始。然后他再一次遇到了停滞不前的情况。接着，尼尔森再次修改了他的方法。尼尔森计划、开始实施然后又被抛弃的新基准是：更多的培训、国际交流经验、为一家精品公司工作、为一家全球性公司工作。由于缺乏连贯性，尼尔森的事业一直在艰难地蹒跚前行（有时还会偏向），随时都有翻到阴沟里的危险。

如果你觉得尼尔森是无能的或是易变的，那么你就错了。他在执行计划的过程中随时应对新的信息和反馈，这是完全正确的。他的问题更多的是系统性问题。每次他得到更多的数据，都会做出反应，但是当数据如雨点般落在他身上时，追逐每一滴雨只会让人迷失。他也正是因此失去了对执行的深思熟虑。

这是他需要做的，也是你必须做的。首先，当新的相关信息出现时，你必须问自己：这处修改会使我更加接近通向成功事业的最重要的目标吗？要警惕那种纯粹平行于目标的修正，或者只是稍稍将你推向最终目标的修正。

“你过去的计划修正推进了你的职业生涯吗？”我问尼尔森，“或者说有可能推进吗？你有想透那些修正吗？”

“这个嘛，它们应该会提升我的技能。”他说。

“嗯，但是提升那些特定的技能会让你成为一个更厉害的艺术总监吗？”

尼尔森想了一会儿，然后摇了摇头。“不，我想不会。”

例如，当尼尔森听说有一个新的培训项目时，他立即就申请了，认为这是一件好事，但是，他并没有思考这个培训是否会促进他实现成为艺术总监的目标。然后，当有一个国际岗位突然发布时，他又全盘抛弃了之前的培训。实际上，他只是在对新的信息做出反应，而不是在以更快的速度走向成功的事业。因为哪个选择都不会对尼尔森的事业产生有意义的影响，所以他的事业只是在原地徘徊并不奇怪。

现在我们来看第二个问题：如果一个新的选择能使你更加接近你的目标，它会不会造成时间的损失从而削减你的优势？

“这个新的培训项目需要多长时间？”我问尼尔森。

“三年。”

“三年？”我回应道，“那听起来很久呢！离开你的职位那么久值得吗？”

尼尔森在工作中获得了一定的影响力，所以答案是否定的，他觉得那个培训项目的净影响不一定是正面的。虽然这不意味着每一个培训项目都是如此，但是尼尔森至少应该在费力申请那个项目之前问问自己这个问题。

尼尔森还应该问问自己第三个问题：这种修正会限制我的选择吗？请记住，除了保持目标的连贯性之外，尼尔森还需要非常小心地保护自己的灵活性。虽然做图形设计的艺术总监这一目标要保持不变，但他需要通过尽可能多的途径来达到这一目标。因此，尼尔森和我讨论了那个培训项目，结果发现那个培训项目处理的是一种非常具体的图形设计，并且可能会限制他未来的潜在发展。由此，那应该被视为一个负面因素。总的来说，培训本来可以是一种明智之举，但是它的代价太大了。在一个节奏更慢、更加简单的世界里，这是一个较小的挑战——但是在当今社会，留给减速带的空间很小。

“我很难做出这些判断，”尼尔森说，越来越沮丧，“它们是如此细致入微。”

“我同意，”我说，“所以你才更得小心。你需要提醒自己的重点是修正的效果必须明确。否则，就坚持你既有的计划。”

通过上述三个问题的讨论，我们基本上已经提出了一个标准来判断一个计划是否需要修正。在过去的日子里（这里的过去是指20年前，而不是100年前），需要修正的原因要少得多，所以审查它们也不是什么大的挑战。如今，你和尼尔森一样面临着更多需要修改的情况，所以你必须更有选择性地考虑应该对哪些数据做出反应。

追求完美，无果而终

最后，尼尔森和我不得不讨论了他对新发展做出过度反应的另外一个原因。尼尔森被一个信念折磨着，那就是他需要一个完美的计划——一个尽可能快地向他的目标迈进、有最大的成功可能性的计划。所以他不停地修正他的计划。每次调整他都失去了一些时间，并且往往一无所获。很多人都是这样做的，最后他们十分沮丧，以至于完全放弃了规划。

问题在于，尼尔森认为完美的计划确实存在。如你所见，我是职业生涯规划的积极倡导者，但是我并没有说你的目标是永不犯错。唯一完美的计划就是你回想时想起来的那个计划。我让尼尔森明白，通往成功事业的路有很多条，他正在前进，并且偶尔修改的计划是经过了深思熟虑的，并且很有可能带领他达成目标。但是他也可以通过不同的路到达那里，有可能早点儿，有可能晚点儿，但关键的问题是到达目的地。

所以，计划不是完美的，但是如果没有计划你将进入未知状态。毕竟，那也是将孩子和成人区分开来的一个方面：了解生活就是把握各种可能性，同时保持初心。

尖锐的问题，诚实的答案

1. 你确定在经济衰退或是裁员的情况下要做什么了吗？你将如何调整你的计划？

2. 你的基准是什么？你准备怎么审查它们？

3. 你的计划在正常运行吗？

第三部分

直面恐惧与借口

第9章

是借口，还是借口

近日，一位领导力研讨会的组织者向我转述了拉尔夫·瓦尔多·爱默生关于借口的一句话："人生中很多阴影的出现，都是因为我们自己遮住了阳光。"这是一句恰当的提醒，因为我看到我的激情就是帮助我的学生们改变自我，也帮助你们改变自我。

读到现在，你应该已经知道，在过去的数年里，我展开过数以千计的有关职业的对话。这些对话已经遍布全球——从香港到蒙特利尔再到洛杉矶。我从这些对话中学到了很多，其中很重要的一点是：对借口的危害要抱有适当的重视。借口可能从表面上看并没有什么伤害，但是实际上它们是超级恶棍，可以让你无法理性思考。

因此，本章的目的在于考察借口本身，看看它是如何运作的、为何可以运作、人们是怎样依赖借口的，又为什么依赖借口。结果表明，识别和粉碎借口可以还给人们自由。在本章的结尾，你应该可以说理性思维赢得了胜利。

行动时的借口

顺便说一句，花点儿时间看看行动时的借口很有意思。它们就像杂草一样迅速繁殖。当我每次指出某个学生经常使用的借口中的逻辑问题时，都有另外一个马上跳出来，络绎不绝。接着又出现了生孩子这个“很有说服力”的借口——这个借口太强大，所以我会把第 10 章的全部篇幅都贡献出来驳斥它。还有些借口，是有年迈的父母需要照顾，亲戚家有一个有困难的孩子，又或者是“大家会想念当医院志愿者的我”，或是“我已经太老了”——而其实那个人不过才 33 岁，还很健壮。

“教授，问题是，我真的很难管理我的时间。”我之前的一名学生现在正处于事业发展的中期阶段，他对我说。

我向他推荐了一些优秀的时间管理课程和书籍。

“是的，”他严肃地点了点头，说道，“但是你看，我真的很关心我的家庭，我不想离开他们这么长时间。”

确实如此。几天之后，情况跟他非常相似的一个人来到我的办公室。这个家伙开始告诉我他的家庭优先事项正在阻碍他事业的发展。当我们讨论其实不必这样时，他说，“是的，但是你看，我真的很难管理我的时间”。

要不是这个问题过于严峻的话，这会很有意思，真的很有意思。我们再来看看这位非常成功的逃避者——我们叫他埃文好了（例如“逃避者埃文”）。一旦处理完了“家庭”这个借口，逃避者埃文几乎连眼睛都没眨，就重新编出了好几个新的不做改变的借口。“换工作就意味着搬家，”他解释说，“我不得不重建一张新的专业人员的关系网，我肯定得更加拼命才行。”你看，一个借口现在变成了三个。这真是一个非常要命的现象。

在你把我当成一个不合时宜的批评家之前，让我先说明一点：我完全理解。对我们那个成功的逃避者而言，搬到另外一个城市将是一项巨大的挑战，这一点确凿无疑。搬家的成本可能会很高，会破坏一些关系，或是需要放弃城市生活的便利或者是心爱的生活方式——或许上述所有的一切都是。在这个例子中，这些是不搬家的理由，而不是借口。

那么，借口和理由有什么区别呢？

如果你正坐在我的教室里，你也许会着急地举手回答说：“理由事实上是正确的，而借口不是！”

如果你在期待为格兰芬多加十分，我很抱歉，你并没有做到。

事实是，大多数人并不会编造不真实或是不相关的借口。孩子确实更加需要时间去陪伴；变化确实会涉及风险；生活本就复杂；过于繁重的工作不利于健康。

借口必须在事实上是正确的、适当的，否则编造借口的人自己都不会相信。因为我们编造借口是为了让我们对自己或者自己的行为（或者因为没做某事）感觉更好，同时逃避指责和责任。要欺骗自己，你必须得非常在行才行。我们得意识到使用借口的诱惑是非常大的，很难想象还有比这更能反映人类本性的冲动。

所以说，借口看起来是可信的，而问题就在这里。一旦你有一个看起来可信的借口，那么辩论就结束了。“就是这样，教授，谢谢你试着指导我，但是如你所见，我还是被困住了。”

但是如果辩论并没有结束呢？

相比之下，理由就不会将对话导向终点，它们会引发进一步的思考。当事实发生变化时，理由可以被重新审视。一旦理由不能被重新审视，它就开始变成借口。简言之，一旦理由终止了我们的思考和行动，它就变成了借口。

在本章的其余部分，我将集中讨论一些很容易被反驳的常见借口（我会用专门的章节来讨论那些需要更多时间去反驳的借口）。但是我也会透过借口来看本质，也就是说，看看我们编造这些借口的文化原因。

未知的未来

我的头上戴着很多顶帽子，但是算命先生并不是其中之一。正如你不知道你的未来一样，我也不知道你的未来。我不能肯定地说哪条路就一定适合你。我生活在一个讲究证据和逻辑的世界而不是魔法世界里。即使你制订了许多职业选择方案，并且通过精心考量的信息评估了它们，你也仍然无法确定未来会带给你什么。

但是以此为借口？“我不知道会发生什么，所以……（此处插入耸肩动作）既然没有任何保证，那么与其把你建议做的所有这些工作都投入到弄清楚‘通向成功’的事业之中，是不是不如选择一个合理的起点，然后从那里开始慢慢来？难道我不应该先追求某样东西，并且期望最好的结果吗？”（有趣的是，我们常常把年轻人看成是不安分的风险承担者，而我遇到的大多数年轻人都想得到保障并生活在确定性之中。当他们问我“我真的永远也无法确定未来，对吗”时，他们满脸惆怅。）

现在，“未来”这个问题更加复杂了：虽然我坚持认为没有能够预知命运的水晶球，但是有一个小东西叫作概率。未来的未知是程度的问题。例如，如果你热爱你的工作，那你就更有可能拥有通向成功的事业。如果你考虑更多而不是更少的替代选择，那么你的决定就有更大的概率把你引向成功。如果你利用高质量的信息做出判断，那么你的决定很可能就更加明智。

当然，很多事情是不确定的，但它们可以有更大的可能性。但是人们往往不喜欢考虑概率，他们喜欢考虑确定性。毫无疑问，相比于让他们追求阴暗的、无声的概率世界，还是天马行空会让他们更加舒服。不过那虽然会更加舒服，却是非常不合逻辑的。这就是摆在你面前的选择：你是相信逻辑，还是相信运气？

别把运气当借口

幸运的是，我们都有一个可以让我们重新振作起来的借口：运气。运气是平等的。不论是教授、码头工作者、教师，还是店员、会计、律师，谁没有在自己的失败中见到过坏运气，在别人的成功中看到过好运气呢？通过这种不恰当的对比，我们知道我们的成功是努力和才能的结果，而其他人的成就只不过是靠偶然的运气而已。

我们对运气的依赖无处不在。乐透彩票发展兴盛。投资者和他们的投资顾问将世界股票市场视为巨大的赌场，在拉斯维加斯的轮盘赌桌上与对手玩秘密策略。风投公司投资十家公司，希望其中的一两家可以成功。人们大肆庆祝硅谷的成功，却从来没有人谈论过它的失败。也许不计算概率，事情看起来会有条理得多。求职者随意发出去几百份简历，希望其中的某一份正好能完美符合招聘单位的要求。

运气甚至已经侵入了我们的语言和习惯表达。

不论是考试、工作面试，还是投资，我们在各种场合不断地祝福彼此好运。我们甚至会祝训练有素的奥运会运动员好运。或许你会说祝福好运只不过是一种社会习俗而已，但是别忘了社会习俗正是普遍的社会信仰的反映。

再想一想与此平行的浪漫世界。那些单身人士随时准备好开始一段美妙的恋爱甚至是婚姻，但是他们的大部分时间都在期盼爱情的到来和羡慕那些已经找到对象的朋友的“运气”中度过。“这可能根本就不会发生在我身上。”他们悲伤地说。当朋友们建议他们上交友网站时，他们却笑而不语。“爱情根本不是那样来临的。”他们说。然后他们又大肆谈论过去的浪漫史是如何发生的。他们在生活中游走，去上班，回到家，等着闪电或是运气击中他们。这多么让人泄气啊！

我们把这个人物称为希望者黛比，让我们拿她和积极者黛比比较一下。积极者黛比想要伟大的爱情，而她也知道这一点。她还知道她不应该等着爱情来找她，她想着即使过去罗曼史是那样发生的，现在也不再是了，她也接受了这一点。因此，她参加各种活动，以增加遇见自己喜欢的人的可能性。如果她对摩托车失去了兴趣，但喜欢户外运动，那么她可能会加入远足小组，而不是混迹在酒吧里。关键在于她对此认真做过考虑，并且积极行动。顺便说一下，更有希望找到自己喜欢的工作的也是积极者黛比。因为她了解自己生活的时代，她不仅仅是希望通向成功的工作来到她的身边，她意识到自己需要去主动寻找。她拥有幸福生活的可能性要远远大于仅仅抱希望态度的那一群人。

相比之下，希望者黛比基本上只是靠运气。当然，希望只不过是运气更可敬的兄弟。所以我们对各个方面的事物都抱持着“希望”的态度。我们希望工作可以成功；我们希望我们的孩子平安；我们希望我们的房子升值；我们希望我们不会入不敷出。我们有很多的希望，但是没有很多的思考。也许你认为我太咬文嚼字了，但是请比较一下这两句话：“我希望这个能行”或者“我认为这个能行”。下次你再听到这两句话中的某一句时，认真听一下，它们的情感节奏会有所不同。“我希望这个能行”是投机性的，“我认为这个能行”是有信心的。

现在可能已经很清楚了，我完全否认了运气这个概念。我觉得它是对人的一种侮辱——如果有人拥有自己喜欢的工作，一桩坚实的婚姻或是一项突出的优势，那你说她“幸运”，就是在说她其实并不是靠自己的努力争取到这些的。只有那些没有准备的人才需要运气。所以当我的学生毕业时，我从来不会祝他们好运。

相反，我祝福他们成功。你知道吗，他们可能会朝我翻白眼，但是他们知道能够自己掌控生活，而不是依靠命运，是一件很自由的事。

别把时间当借口

在我听到的所有借口中，时间的限制最接近真正的原因。当有人说自己没有时间去考虑其他选择或者是收集信息时，这通常是真的，他们在那个时刻可能真的没有时间。当然，他们过去曾有时间，或者从长远来看他们也能找到时间，这就使得时间的限制能成为当时的原因，但也是过去和未来的借口。顺便说一下，我们所有人都一直在为时间的问题挣扎不已。

通过沙漏来考虑问题就会发现还有时间。“对我来说，现在已经太晚了。”一个三十岁出头的年轻人耸耸肩说。他是一个讨厌自己工作的商人，他解释说，他更愿意写电视剧本或是脚本。为了在那个领域占有一席之地，他将不得不开始做无薪实习生——对于 22 岁的人来说还不错，但是对于一个 30 岁，还有个着急要买房子、生孩子的妻子的人来说就不怎么样了。

好吧，那是看待他已经 33 岁的这一事实的一种方式。但是让我们看看……他刚刚开始工作不过十年，他还要工作 40 年。或许以他的经济状况，他并不能承诺免费工作，但是这并不意味着他需要放弃，继续过那种到目前为止，他大多数时间都在过着的痛苦的生活。这意味着他需要用更加创新的方式追随自己的激情。

除了其他人的编剧之路外，也许他应该以一种符合他家庭状况的更加独特的方式来实现自己的编剧梦。太晚了？拜托！如果你想聊聊年龄，那我们就来聊聊年龄！这种辩论我每次都能赢，除非和我辩论的是一位八旬老人。

想想哈兰德·桑德斯。1955 年时，他 65 岁，是肯塔基州科尔宾市一家餐厅的老板，餐厅生意兴旺。而后，一条州际高速公路从当地穿过，不仅疏解了当地的交通压力，也疏散了他的顾客。就那样，他失去了生计。但是他仍然有一份炸鸡的必杀秘密食谱，于是他几乎挨家挨户地去登门兜售。这就是肯德基的开始。桑德斯上校去世之前，作为肯德基的创始人，他享受了近 30 年的成功。我很抱歉不能认同那个只有 33 岁却说为时已晚或者他被困住了的人，但是我必须这样做。

或者想想比利·莱茨。她的第一本书《芳心何处》出版时，她已经年近 60，当时她教授大学英语、负担家庭开支已经数十年。她享受了 20 多年的成功小说家的生活，70 多岁时因为白血病去世。

我还可以继续往下列出很多改变了人生道路，并在后来的生活中取得了巨大成功的人，但是有时候最能给人鼓舞的是那些年纪稍大，并且不担心自己的年龄问题，不会因此而找借口的人。

希瑟·E. 给我写信说，她决定在中断了两年之后重拾她的博士论文，而那时她已经 62 岁了。“我肯定已经过了那些‘但是’和‘要是……就好了’的阶段，我已经准备好不去看那些阻止我的东西，只管继续前进，拥有一项通向成功的事业了——当然，我已经 62 岁了，所以我的通向成功的事业持续的时间可能要比其他人短一些，但是它依然重要。”她的通向成功的事业依然重要，的确如此。

有时候我也会直接抨击年龄这个借口：“所以你觉得 20 岁时一切就都已成定局了是吗？”我质疑说，“我年长你好几倍——你是说我就不应该尝试做任何新的、重要的事情了吗？”

“呃，不是的，教授。”

“好。那我们就把这个愚蠢的借口放到一边，好吗？”

信息过剩，或愤世嫉俗

在本书的第一部分，我讲过当你意识到有多少种事业可以选择时会体会到的那种巨大负担，以及开始探索它们时的那种无能为力的感觉。“要学的东西太多了，”学生说，“有太多的信息要去接触和考虑了。”因此，我向她讲解了如何以一系列合理的步骤来开始她的搜索。我们进行了细化，就像我在第 3 章中所解释的那样。“有太多要学的了”很快就变成了“有太多要考虑的了”。

“但是教授，”当我责怪他们不愿意思考他们人生中最重要的一个决定时，他们说道，“把正面的信息和负面的信息分开来是不可能的。世界充满了谎言、谣言、自私自利的宣传，还有各种堕落的想法。”他们对这个世界的阐释太过真实了，但是他们不愿意试着去把正面信息和负面信息分开的这种想法只不过是一个未完成的论点，这也就是一个借口而已。这就和说“我不想被虚假信息所误导，所以我干脆回避所有的信息”是一样的。

所以你的意思是宁愿无知也不愿意犯错？那就太荒唐了，但是一直有人用这种思维方式思考。

起跑不利

借口是不完整的论点，这在那些从他们出生起世界就看起来好像对他们不公的人身上尤其明显。举例说来，家庭不健全可能是你感觉不安或者害羞的一个原因，这解释了你的性格，但是并不能解释为什么你选择不去克服它。

如果家庭的不健全程度很严重，你过不去呢？那难道不可能吗？是的，那也是有可能的——有些人会真诚地、坚持不懈地努力克服他们的羞怯，但是无济于事。但是由于他们的努力，他们有权利说自己有理由而不是借口。此外，有一些尝试的人会因为成功而惊喜。

想想露西的情况。露西的父母都是来自东南亚的移民。露西很明显比她的同龄人更加成熟、思维周密、专注和自律。她有野心，也有决心，总是试图最大程度地发挥自己的潜力。经过多番努力，她已经准备好在政府智库实现自己的事业目标。但是在拿到那份出色工作的最后冲刺阶段，她跌了个跟头。她的社交网络不太稳定，给她造成了不太有利的局面。当她遇到已经在那个领域工作的人时，她提出的问题总是被误认为是道歉，而不是询问。在他们看来，她之所以社交是因为她的才能有限，而不是为了找到最适合她突出才华的工作。

露西其实在自我宣传方面做得很差劲。我们的讨论集中在她那种毫无理由的沉默寡言上。幸运的是，通过一点指导，她阐述了她的问题：她是在自己的文化背景下长大的孩子，在她的文化里，女人扮演的是次要的角色。在确定了这个障碍之后，她开始觉得她可以克服这个障碍。她能更加自信地表达自己的想法了，她的社交对话也因此更加有效。她决定成为一个自由的女人，摒弃阻碍她的那部分文化，同时拥抱养育她的那部分文化。她的社交技能现在配得上她的才华了。

我们再来看看玛丽的例子。玛丽的障碍平台似乎堆得足够高了。当她收到滑铁卢大学的奖学金通知时，她只剩48个小时离开自己的祖国了。想象一下她人生的突变——虽然这是一个受欢迎的突变。在她的第一堂课上，她还在倒时差并且平复文化冲突带来的冲击，听教授解释说这门课程对一年级的学生会特别具有挑战性。由于班里一般的学生都是高年级学生，所以他们把给分标准提得很高。玛丽紧张地看着坐在他旁边的一个年轻人，问他是不是高年级学生。“不是，”他说，“我是大一的，不过我上学期这门课挂掉了，所以这学期得重修一次。”坐在她另一边的学生正在读大三。她成功的概率会有多大呢？很显然，她一时间不知所措，并且也有很好的理由产生这种心态。但是她并没有找借口，反而表现出色。当她毕业时，许多雇主都争着要她。

总之，我们很多人都面临着巨大的障碍——尽管我上面分享的两个例子都是有关文化障碍的，但其实我经常听到的障碍从本质上来讲更加黑暗。有受到身体和性虐待的男女。有些孩子的父母对他们实施心理战，利用一切机会剔除他们的自信。有些孩子的病态的父母无限地纵容他们，让他们养成依赖心理，从而无法独立思考。还有些孩子的老师浇灭了他们对学习的热情。这个列表可以继续延伸下去，他们承受或是看到的恐惧是我们大多数人无法想象的。

我的很多学生遭遇了上述一些问题。这些情况引起了我的注意，因为他们选择只与我分享他们生活中的一小部分。在过去的三十多年里，没有一次这样的谈话是以要求特殊照顾或是简单地打一个及格分结束的。值得赞扬的是，我没有从他们那里听到任何借口。

他们在请求帮助时会获得帮助，有时在没有请求时也会获得帮助。但是所有的学生都可以获得帮助，而不仅仅是那些分享秘密的学生。所以他们为什么要告诉一个陌生人他们生活的事情，除了得到更多的同情？或许他们只是想让一个陌生人知道他们在多么努力地尝试，他们比其他人更努力。他们就是那样的，那是他们正在建设的身份，他们以此为傲。

我所认识的处于这些情况之中的学生，几乎都取得了成功。不，不是全部。对于有些学生而言，障碍高得无法克服；而对于另一些学生而言，障碍太高了，连尝试都难。这些是理由。至少在那时它们是理由。我见过太多人从真正绝望的境地中恢复过来，才开始相信不会真的有任何人完全被困，以至于没有丝毫逃脱的机会。机会可能很渺茫并且永远不会被抓住，但是仍然存在闪烁着的可能性。

然而，依据任何实际的标准来判断，只有极少部分阅读这些话的人是处于极端不利的情况下，以至于被剥夺了尝试帮助自己的能力的。我们绝大多数人都可以尝试，那些不尝试的人就是在用借口避免这种尝试。

低标准

现在我们再来看看更深层次的借口，那些可能不被认为是借口的借口，因为它们似乎是社会中的我们的一部分。我们并不期待能够从事我们热爱的工作，所以我们也不寻求。相反，大多数人只是期待工作能够让自己谋生，能够让自己穿戴体面、有稳定收入和良好的工作条件。这就是标准的高度。如果它对大多数人来说足够好，那它对你来说应该也足够好才对。这就是标准和传统的思维方式。我们要了解它、警惕它，尽一切能力和它对抗到底，因为那完全是废话。

正如我在第 2 章中所说的，这根本不是未来之道。你不能接受这个低标准，因为你的工作和市场不会接受你的低标准。

30 年前，当我还是个经验不足的教师时，我就和我的学生们讨论过做热爱的工作的必要性。“问一下大家，”我说，“你们的父母有多少次回到家时，是迫不及待地想和你们分享他们在工作中度过了多么美好的一天的。”令我大为吃惊的是，全班哄堂大笑。他们认为我是在开玩笑，而其实我当时真的是非常认真的。要不就是他们的父母并没有说什么工作上的愉快的事，要不就是他们根本没有谈及工作——这也许意味着他们根本不热爱自己的工作。不用说，那对我来说是非常糟糕的一天，因为它让我知道人们的标准到底有多低。

再举一个我们低得可怜的预期的例子。人们以为他们喜欢自己的工作，而实际上他们并不喜欢。他们也许喜欢工作的社交方面，或是金钱方面，但那可与对工作本身的热情不一样。期待办公室的生日聚会并不是对于取得成就或是表达才华的满足感。期待用你丰厚的薪酬去买东西是工作的回报，而并不是工作的实质。还有一些人看似热爱他们的工作，其实是因为他们害怕退休，这就意味着他们只是热爱工作带给他们的在时间上的安排而已。

我曾经和一位老人聊天，她告诉我她喜欢玩扑克，因为它可以“打发时间”。打发在什么之前的时间？死亡？那我会说，现在就杀了我好了。我根本不想找一个打发时间的方法，我认为没有人应该那么做。我想玩扑克，是因为我想要打败我的对手。我为什么会只是想要打发时间呢？让我们别再想着打发时间，充实地生活吧！

我们的借口文化

我们的人性诱使我们不停地编造借口，这已经够糟糕的了，但是更糟糕的是现在我们生活在一个编造借口几乎接近常态的社会。所有的逃避责任都已经司空见惯。政界人士通过民意调查发现需要支持什么政策。如果失败了，不是他们的责任——他们只不过是遵循公众的指导而已。如果他们不能通过一项法律，那么是他们对手的错。公众不去投票，借口是他们的选票无关紧要。公务员睁一只眼闭一只眼。政治程序几乎不起什么作用，但仍然不是谁的错。无论发生什么事，总是别人的错，没人承担责任。

当公司崩溃时，高管还在拿奖金。但是谁又能责怪他们呢？因为市场“形势突然对他们不利”或是一种新的技术“突然冒了出来”。但是预见市场或者技术的变化又是谁的工作呢？除了低级别的雇员外，被解雇的又是谁呢？

父母担心自己的孩子正在迷失方向，但是又认为“很难与他们沟通”或是“他们交友不慎”或是“他们发短信太多”。这些是他们回避难题的理由还是借口？

我们生活在一个受压迫的年代。我们现在都是受压迫者。事实上，受压迫者如此之多，以至于很难找到压迫者，所以人们这么喜欢用借口也就不足为奇了。在充满挑战和压力的当今世界，人们每个方面的成功都来之不易。全球经济的竞争压力增加了我们就业和安全感的不确定性。投资的回报得不到保证。技术可以使整个行业在几年内变成夕阳产业。社会变革的步伐如此迅速，带来了不稳定因素。处处都很容易看到失败。因此，也同样容易看到借口的诱惑。

不论是作为雇员、配偶还是父母，如果我们中的许多人都认为成功是不确定的，那么借口文化在逻辑上就是很吸引人的，它就像一张神奇的能让人逃出生天的卡片一样。如果你能让别人找借口，那么你也可以让自己找借口。所以最好不要过于严厉地批评你的同事，因为他们肯定也会给你同样的待遇。我们可以都不那么完美，并且我们因为和别人的相似而感到舒服。这个标准够低的了吧？

那么为什么这么努力地去把借口挑出来呢？因为借口在摧毁人生。

例如乔西，他永远无法按时完成任何事情。他确实完成了一些重要的工作，但是需要很久。要不是他有出众的才华，他可能已经被解雇了。他的工作可以说是走在悬崖边上。他很清楚这个问题，并且很正确地承认自己的时间管理技巧很差。他已经阅读了关于如何更有效地管理时间的书，但是效果很少能持续一个星期。

在一天一夜里，他会开始、停止、再开始做各种项目和处理个人琐事。当最后期限即将来临时，他用玩视频游戏的方法来缓解压力。我并没有对他糟糕的时间管理技能喋喋不休，而是告诉他他的主要问题在于自律，他缺乏自律。由于他无法控制自己，所以他永远也无法控制或者影响任何人。他的行为就像个男孩一样，而不是一个男人。所以他最好能够像让他上瘾的那些游戏中的战士一样“男人”起来。或者他只是喜欢假装战士，而非真的当一名战士。

我不能说那是场令人舒服的对话。因为它不是。我很肯定他有一段时间在生我的气。不过后来随着他的工作表现和事业上的提升显著加速后，他告诉我，我那段有关游戏战士的评论是他的转折点。通过直白的谈话，我帮助他诚实地看清自己。值得肯定的是，他确实诚实地看清了自己。我从来没有想过要剥夺任何人的尊严，这也不是我要对乔西做的事。相反，我清楚地知道借口如何禁锢了人们。乔西被他自己编造的借口禁锢了，希望者黛比如此，逃避者埃文也是如此。当你一个一个地把借口击垮后，你就解放了。

显然，我无法亲自面对每一个阅读这本书的人，每个人都有他们面临的具体的难题。但是如果你愿意，你可以问问自己这些问题。或者你也可以问问某个很了解你的人，以及你信任的人，帮助你看看你说的哪些是借口。

有时候障碍阻止了你前进的脚步，而投下阴影的，是你自己。没有借口，做自己。所以做出改变，现在就行动。

尖锐的问题，诚实的答案

1. 你经常依赖于什么借口？还是说你表示自己从来没有用过借口？

2. 在你对事业的思考中，运气这个概念起着怎样的作用？

3. 最阻碍你的个人特征是什么？你打算如何克服它们？

第10章 好好工作，好好生活

“我爱我的家庭。”卡莉坚定地说。我不确定她期望我做出何种反应。她觉得我会感到震惊吗？她觉得我会设法说服她不要爱她的家庭吗？

“你认为对此我想说什么？”我问。

卡莉的声音变得柔和起来。“我觉得你会告诉我要做出选择。”

没错，她是要做出选择，但是并不是让她在工作和家庭之间做出选择。

“我想成为一个好配偶”，“我想成为一个好家长”，或者甚至是“我想成为一个好朋友”，这些都是我在敦促人们追求通向成功的事业时最常听到的反对意见，并且我并不只是指那些已经三十多岁或者更年长的人，那些19、20、21岁的学生也已经在考虑这些事情了。他们已经在想象未来他们想要的生活，并且开始担心如何管理好自己的生活了，即便他们还没有开始正式地和某个特别的人约会。

我们重视温暖的人际关系，并将其排在优先地位，这是很美妙的事情。我们应该如此。但是我们为什么一定要如此具有保护性和防御性呢？为什么爱别人就一定要意味着放弃你对别的事物的思考和激情呢？

了不起的家庭和通向成功的事业并不是相互排斥的。本章旨在阐述清楚这个观点。但是首先我们要问一个问题：想要稳固的家庭生活是不去追求激情的借口还是理由？

这要视情况而定。许多人不想冒任何风险去寻找自己的激情，也不想把自己设定成懒惰或是害怕的形象，所以他们隐藏在“家庭责任”的背后，将自己裹身于人际关系的温暖之中，使自己无可指摘。在这些情况下，他们是在以家庭为借口。他们对关系的真正信仰可能更加深刻和持久，但也可能不是。这不是重点。

对于另外一些人而言，“我爱我的家庭”是一个原因。他们准备好了成就通向成功的事业所需的思想、研究、实验和承诺，但是他们也真心相信，通向成功的事业对时间和精力的要求非常之高，与他们的家庭生活不能兼容。记住，理由可以也应该被推敲。当我们推敲这个理由时，会发现它很快就消失了。

本章的其余部分将讨论拥有通向成功的事业和丰富的家庭生活或个人生活的规则，即你选择的生活。事实上，如果你很认真，那么你的通向成功的事业必将丰富你的家庭生活。是的，这并不容易。生活中有什么值得努力的事是容易的呢？那些已经准备好并渴望成就通向成功的事业的人将看到如何将这一野心与家庭生活结合起来，而那些爱找借口的人也将不得不再找一个借口。

规则 1：牢记通向成功的事业的定义

大众的目光集中在那些四天绕地球六圈的强大主管身上，认为他们有一项通向成功的事业；大众的目光集中在那些认为自己是宇宙的主宰、每天不断工作的华尔街富商身上，认为他们有一项通向成功的事业；大众的目光集中在那些每天在手术室治病救人的世界名医身上，认为他们有一项通向成功的事业。

是的，这也许有些夸张，但这就是大众的目光集中的地方——它们使得本就难以置信的成就倍加让人印象深刻。你读过哪本传记说某个权威人士庆祝其工作和家庭生活的融合吗？通常传记里只有那些繁忙的事务，是那些事务让他获得了名声。“名利双收”似乎是成功的关键标志，无论是在全球范围内还是社区内。不过那种通向成功的事业并不是本书要探讨的内容。

让我们再次回顾一下我所定义的通向成功的事业，因为它与大众普遍的观点是相悖的：一份事业，只有当它可以让人获得令人满意的工作、对社会的影响力、一份可靠且说得过去的收入，以及个人自由时，它才能称得上是一份通向成功的事业。

所以开创通向成功的事业的第一条规则就是要摒弃大众观点，确切地认识到你正在努力实现什么。

规则 2：抛开负疚感

皮尤研究中心的研究表明，41% 的成年人认为职场母亲的增加对社会来说是不利的，只有22%的人认为这对社会有好处。简而言之，社会充满了负疚感，尤其是对女性而言。在此，我告诉你，你应该抛开这些负疚感。在我看来，因为所谓的“为孩子好”而全职留在家里并不一定会比你致力于自己喜爱的工作或事业带给孩子的益处多。

现在，我很确定一些读者对我的观点感到很吃惊。但是请让我先解释一下。首先，请看经济学论证：哈佛大学对25个国家的5万名成年人进行了一项研究，研究结果表明，职场母亲的女儿受教育程度更高，就业可能性更高，担任管理层角色的可能性也更高，并且比全职母亲的女儿收入更高。就儿子而言，母亲是否工作对他们的职业生涯影响不大，而对他们的家庭影响比较大：职场母亲的儿子在成年之后会花费更多的时间来照顾孩子和做家务。我将这种现象看作是一种进步。

其次，你一定想要成为孩子的榜样吧——一个快乐和充实的榜样，这样你的孩子自己也会争取做到像你一样。请谅解，我充分尊重那些相信自己的激情是家庭，认为与孩子们一起待在家里是利用他们时间的最佳方式的人。然而，我认为，这种选择只对那些在认真考虑了他们所有的职业选择之后，发现没有任何一个选择接近他们对于全职在家的兴趣度的全职父母有效。否则，你可能有一天会觉得你为了孩子的未来牺牲了自己的未来。那时我必须要问，当你因为为了孩子而错失自己的东西感到痛苦或者不满时，你还觉得那是对孩子最好的方式吗？

在你说“哦，不，我永远也不会表现出痛苦的”之前，你应该知道，不幸的是，我总是能看到这种怨恨，有时候这比其他怨恨更为明显。给大家举一个稍微极端些的例子。奥地利的弗洛里安写信告诉我，在他二十多岁的时候，他的父亲告诉他，因为他的出生，他的父亲没能追求在国外当医生的职业生涯。“你的亲生父亲指责你说你应该对他错失的职业生涯而负责，你不知道那对于二十多岁的我而言是多么震惊的时刻，”他写道，“那个时候我不知所措，第一反应就是尽力通过接受他所说的话来应对当时的情况……那是你可以告诉一个孩子的最痛苦和最不公平的事情之一。”

在我看来，父母不需要在养育孩子的祭坛上牺牲自己、牺牲婚姻或者牺牲事业。事实上，这么做对他们孩子的发展适得其反。只专注于你作为父母的角色，你就已经放弃了你作为孩子职业生涯的榜样的角色。最好的事情就是以身作则，这样你就永远不会在你的孩子来找你谈论他梦想的工作时心想，孩子，我也曾有过梦想，但是随后你就出生了。

规则 3：利用你的优势获得控制权

我们来假设你热爱你的工作，但是你的老板不让你下班回家。当你在工作场所的时间比你想要的更长时，那就不是一项通向成功的事业了。（请注意，我们讨论的是工作场所，而不是工作。工作本身也许是一种愉悦。）

这是我经常看到的一个问题。还记得第 4 章的贝蒂吗？她热爱自己的工作，但是觉得自己的工作量已经逐渐失控，危害到了她的个人生活。你应当按她的办法行事：成为重要的雇员，以至于你的老板满足你想有更多在家的时间的愿望。那也许不是他们的最佳选择，但是他们还是会同意的。

艾伦和布兰登是一对夫妇，他们都来自关系亲密的家庭，他们想复制原生家庭的关系。他们想要孩子，想要成为亲手养育孩子的父母。问题就出在这里。他们有独立的职业道路，两个人都找到了他们知道自己会喜欢的工作，但是两个人都选择了通常需要工作很长时间的行业。对于他们而言，长时间的工作是他们所不能接受的。他们都希望可以有充足的时间参与孩子的成长，他们拒绝让其中一人单独承担养育孩子的责任，或是把孩子交给保姆。那他们该怎么办呢？如果从事的工作意味着没有丰富的家庭生活，那么他们就准备离开。这就意味着如果他们不改变职业的话，他们只有一个选择：他们必须成为特别突出的雇员，让他们的雇主特别害怕失去他们，以至于不会要求他们长时间地工作。他们必须是明星才行。

但是尽管艾伦和布兰登都很聪明，他们永远也不会自称是天才。那么他们怎么才能成为明星呢？在他们的行业里，人们工作时一般都是靠蛮干，但是他们不愿意这样做。相反，他们进行了传统研究，两人都发现了一个对他们各自的雇主而言非常有用的想法。布兰登为他的雇主找到了一个新的不断扩大的市场；艾伦引入了一项大幅降低成本的新技术。虽然这条路并不容易，但这并不是不可能走通的。大多数公司，尤其是艾伦和布兰登所在的公司，很少做这样的研究，即便这是公司的优先事项，大多数员工也绝不会自己主动去做。换句话说，他们发现了一项优势。

到 30 岁时，艾伦和布兰登拥有了他们喜欢的高薪工作、孩子，还有对他们而言最为宝贵的时间。他们一周的工作时间通常不超过 40 小时，而在他们的领域，通常的工作时长要超过 60 小时。他们两个都能和孩子们一起吃早饭和晚饭。

克劳迪奥从意大利给我写信，他觉得这种生活对他来说遥不可及。“你无法轻易地平衡打造美满家庭的计划和成就一番事业的计划，”他写道，“那些可以同时做好这两件事的人很罕见（在我看来他们就是超人），我很佩服他们。”

不过我得反驳，艾伦和布兰登并不是什么超人。他们看起来像是超人，是因为他们太少见了。说他们是超人暗示着大多数人不可能像他们那样平衡家庭和事业，但其实并非如此。每个人都可以获得艾伦和布兰登所拥有的特质：他们拥有创造力，聪明机智，并且严格自律。任何热爱自己工作的人都可以获得这种程度的自由。当然这并不意味着每个人都会像艾伦和布兰登那样成功，一路上总会遇到颠簸起伏，总会需要做出决定。

斯蒂西提供了一个很好的例子，它说明即使有时候你能够拥有一切，你也仍然必须做出艰难的选择。她在一家研究机构担任了多年的助理教授，最近得到了终身教职。在得到终身教职的第二年，她获准休假一年，她计划利用这一年的公休假来兼职做一些研究，同时照顾她两个年幼的孩子。休假刚刚开始，一名政府高级官员就联系了她，邀请她加入他们的团队。那是一个很难得的机会，可以让她在她认为很重要的政策中留下痕迹，并且为她欣赏的机构工作。

但是那也意味着要投入更多的时间去工作，考虑到她刚刚组建的家庭的正常需要，这比她愿意投入的时间要长。她丈夫是一家律所的诉讼律师，按小时收费，工作要求很高，并且那一年他将要升为合伙人。他们的其他家人并不在身边，帮不上忙。如果她想接那份新工作，她就不得不在正常的工作时间之外请人照顾她的孩子们——那是她所不希望的——要不她就不得不说服她的潜在雇主允许她兼职或是减少工作时间。

斯蒂西是一个明星，政府肯定很想要她，但是很显然他们的工作强度要求根本不是兼职可以满足的。所以斯蒂西放弃了。她做出这个决定时非常痛苦，但是斯蒂西并不后悔。她仍然有一份她热衷的工作，并且符合她的要求。更棒的是，政府部门仍然请她担任顾问，她与政策制定者定期沟通。等她的孩子们大一些，他们很有可能会再次邀请她去工作。下一次，她可能就会接受了。

我办公室里悬挂着一幅箴言，上面写道：自然不遵循单一道路，人类也不应遵循单一道路。拥有通向成功的事业的一部分意味着你可以说不——对某项任务、某次晋升，或是某次搬迁。通向成功的事业意味着你不是只有一条路可走。

规则4：寻求“双赢”，而不是妥协

总是有人会误解我的意思，认为我在面临一个必做的选择时会站在事业这边，这让我很抓狂。如果一个女人为了追求梦想中的工作而离开她的孩子几百英里[①]远，我不认为这有任何意义；如果一个恋爱中的年轻人因为在另一个国家的就业机会而与女朋友分手，我也不认为那很明智。

珍妮特和本特利是一对恋人，他们来到我的办公室，寻求职业建议。他们俩即将从名牌大学毕业，珍妮特已经在明尼苏达州的圣保罗市找到了理想的工作。本特利目前还没找到工作，不过他有信心找到一份好工作，尽管在圣保罗市，与他专业相关的雇主数量有限。他们咨询我是否有好的办法弥补明尼苏达州地理位置的局限性。

我很快便得知他们俩除了下述策略之外并没有制定其他的职业发展策略：（1）接受良好的教育；（2）找到尽可能好的工作；（3）有自己的生活。珍妮特并没有过多思考就获得了一份好工作，现在该好好思考一下了。当我们讨论本特利的搜索策略时，我们扩大了讨论范围，珍妮特很随意地提到她曾收到过一家欧洲公司的工作邀请，但是她不假思索地拒绝了。

“为什么拒绝？”我问她。

“这个嘛……那是一家小公司，”她说，“并且……”她耸了耸肩。除此之外，她想不出来别的理由。

“或许，”我建议说，“你们应该重新考虑并制订一个计划。”事实证明，欧洲的那份工作有巨大的潜力，并且地理位置也更加

① 1 英里 ≈1.609 千米。——编者注

符合本特利的需要。但是珍妮特已经接受了另外一份工作。

“圣保罗的这家公司可以保证你在这儿工作一辈子吗？”

我不需要再多问了。他们出发去了欧洲，计划来一场伟大的冒险并找到各自极具潜力的职业。

关键是，如果你既想要深度的人际关系，又想要自己热爱的事业，你就需要两者都尊重。你需要有条理，有计划。你绝对不要因为非此即彼的选择惯例而受到阻挠。

规则 5：要有时间自律性

我们前面已经讲过，如果你的雇主要求的工作时间超出了合理范围你应该如何处理，但是如果那个一直让你工作的人是你自己呢？在这种情况下，你需要离开，你需要有这么做的自律性。

建立任何关系的最佳工具都是面对面的交流。现代通信虽然可以帮助建立关系，却远不如面对面的谈话来得有效。这也是为什么即使是在数字世界中，视频通话也要比任何类型的文本都更受青睐。所以，你应该多多在家陪伴家人。如果你没有孩子，就多和你一生的伴侣共度时光。如果你同时还想交一些真正的朋友，那就多见见他们。这些都意味着工作以外的时间。

不幸的是，人们往往很容易在我们所热爱的工作中投入太多的时间。曾经有一个考虑事情很周到的人告诉我，他会选择回避那些他明知是自己激情的工作。“那会占据我的全部生活。”他说。为了避免这种风险，他退缩到无色的平庸区。事实上，他通过完全放弃自己的生活来避免生活被占据。他就是那种担心被摔下马而不敢上马的人，所以他永远也不会知道策马奔腾可能带来怎样的奇遇。不冒险，你就是在保证自己什么也不做。

没错，那种可以占据你生活的工作和激情必然是存在的。以创业为例。创办一家公司可能是一项充满激情的活动，它可以占据你的全部，不过我不认为它非要占据你的全部。事实上，如果你让它占据你的全部，你可能在取得任何实质性成果之前就累垮了。应对这种疯狂的解药是自律。

自律是我一直在为之努力的事情。经济学比以往任何时候都更加让我着迷，同时我也想尽可能地在每堂课上都将我的教学水平发挥到极致。我真的可以整天都专注于我的工作，排除其他的一切，但是大多数时候我并没有那么做。我享受与家人在一起的时间以及我独处的时光，就像我从工作中得到满足一样。我的问题和许多热爱自己工作的人一样，就是抵抗工作诱人的动力。当你的头脑在全速运转时，你感觉到进步带给你的兴奋感，你根本不想停止。但是这个时候你需要控制自己。你要提醒自己，你是自己激情的主人，激情不是你的主人。你不是激情的木偶。（如果你从来没有感受过激情，那这里说的就没有任何意义。所以你必须相信我，这是一个挑战，有一天你会亲自体验的一个挑战。）因此，这个世界上充满激情的人必须控制好自己的激情，这样它才不会消耗掉你的余生。

因此，我确保我有属于自己的时间和属于家人的时间。怎么做到呢？我会做好安排。除了特殊情况之外，我会坚持遵循自己的时间表。我希望我的家人和朋友能够信赖我。但是我感觉到你正在犯错误，你在假设我在工作时间和私人时间之间切换，就像做零和游戏一样：减少工作时间等于增加私人时间。但是实际上我是在三个选择之间移动。

1. 专属的工作时间：我专心致志地写作、教学或与学生会面。

2. 综合的工作 / 私人时间：我的家人与我讨论工作难题，或是陪我去听另外一位经济学家的讲座。

3. 专属的私人时间：我可能和家人在一起徒步旅行或是共进晚餐，不讨论任何事情，只是享受彼此的陪伴。

我的目标是使综合时间相对增加。实际上，我只是在更加有效地利用我有限的时间，完成更多的工作，并强化各种关系。这就像是获得了额外的奖励时间，并且我觉得多少奖励时间都不够。并不是我一个人这么做，因为许多人也在相同程度上整合了工作时间和私人时间。

在下一条也是最后一条规则中，我将讨论打造一种整合了工作和家庭的生活必须要有哪些因素。即使你在医院或是其他你不能带外人去的地方工作，你也仍然可以让他们参与你的工作。请继续阅读看看怎么做。

规则 6：寻求整合，而非平衡

在谈论事业和家庭时，我真的很不喜欢“平衡”这个词，因为它暗示着理想状态是一架完美的平衡的天平，每一边都有自己独立的空间。我不喜欢这个形象整体上的样子。平衡就是假设你在被标记着“生活”和“工作”的不同隔间里生活和移动。我很排斥这个目标。你应该努力整合你的工作和生活，使它们相互支撑，从而使它们从整体上变得更加强大。我知道有人会说这是不可能的，这完全不切实际，否则就相当于承认他们没有做到这一点。那么你该如何整合呢？有两个指导方针：谈论你的工作；尽可能地和你所爱的人一起工作。让我们一一来看。

与你的孩子或伴侣谈论你的工作

“我最不愿意做的一件事，”人们经常说，“就是把工作带回家。我需要远离它。”这话听起来很可疑，就好像家庭是工作的解药一样。如果你不爱你的工作，那或许是这样。但是如果你热爱自己的工作，你为什么想要远离它呢？这通常是因为，即使你热爱你的工作，你也还是能感觉到自己正承受着巨大的压力，而家是你可以放松的避风港，你有这种感觉也正常。但是请记住我们在本书的第一部分和第二部分中学到的：一项通向成功的事业并不会让你感觉像是被关在压力锅里。如果你有一项通向成功的事业，你会很乐意与别人谈论它——当你正在努力整合工作和家庭时，这样会有助于实现二者的整合。

当我和我关心的人在一起时，我会谈论经济学、教学、技术和我们世界的原始状态，然后我会询问对方的工作情况。我不认为这有什么不对，但是很明显这颇具争议。有一次，有个人指责我：“你只是在向你的家人证明，你是如此以自我为中心，你一直谈论自己。”

因此，让我们来回应这个指责。

首先，我谈论的是我的工作，而不是我的辉煌，并且我也总是问及别人的工作。当然，重要的是年龄要合适。当孩子还小的时候，你可以给他们讲有趣的故事，问问他们那天搭的乐高积木的细节。随着孩子们长大，对话可以更加深入，你们可以互相交换关于工作或学习的有价值的个人观点。

让我们再深入一步。为什么不问问你的孩子们他们如何应对不愉快的顾客呢？为什么不问问你的孩子们他们是否同意你接受一项新的工作任务呢？你们甚至可以讨论潜在的投资机会或休闲不动产。要意识到，跟他们讨论这些，除了会让你获得新鲜的视角之外，还会让你获得关于他们生活的真正答案。

萝丝很喜欢她的活动策划师的工作，一点儿也不令人意外的是，她非常擅长这项工作。她告诉我，她正在与她所谓的平衡做斗争，试图找到足够的时间与孩子们在一起。我问她当她真的与她十几岁的孩子们在一起的时候，她都在那些宝贵的时间里做些什么。

“哦，各种各样的事情，”她说，“我带他们去我们最喜欢的餐馆，去远足，去看棒球比赛。”

“那你和他们讨论你的工作吗？”

“不，”她说，“我尽量将我的工作和个人生活分开。”

“为什么呢？”我问，“你爱你的工作啊！”

萝丝耸了耸肩：“孩子们会觉得很无聊。”

“那你有没有试着和他们聊聊呢？”

“这个嘛……没有。我丈夫和我都想把焦点放在他们身上，而不是我们自己身上。”

我不得不直接告诉萝丝，她的这个观点对我来说没有任何意义。“你难道不想让孩子们知道你是怎样的人，知道他们的父母是怎样的人吗？你难道不想让孩子们知道你们喜欢什么、讨厌什么吗？”工作是萝丝的生命中非常重要的组成部分，大家都知道这一点，除了她的孩子们。

“而且，”我继续说，因为萝丝似乎正在倾听，“将焦点都放在孩子们身上，你难道没注意到你们其实是在给他们施加压力吗？那些成长中的年轻人需要空间来搞清楚自己是谁，而你们呢，却将聚光灯打在他们身上。尽量多让他们仔细看看你们的成长路径，也许反而可以帮助他们找到自己的路。”

萝丝陷入沉思，然后承认她其实对这些想法感到有些困惑。我告诉她，如果她可以在我办公室里听我和学生聊一会儿天，她就不会困惑了。

正如我所说的，令人震惊的是，很多学生根本不知道他们的父母是做什么的。当我问他们时，他们有的回答“我不知道”，有的回答“我不确定”。汤姆说他爸爸在通用汽车公司工作，但是当我继续追问他爸爸究竟是做什么的时，汤姆说：“应该就是在办公室里工作吧，我觉得。”他觉得？苏珊说她父亲是位工程师，但是她并不知道他在哪儿工作。“是某种咨询工作，但是我不记得名字了。”

我有太多的学生不太清楚父母在做什么工作了，并且这并不是这些年轻人的错。很显然，这是父母不愿意谈论自己工作的原因。他们喜欢自己的工作，还是讨厌自己的工作？谁知道呢？我以前认为那肯定意味着他们不喜欢他们的工作，因为谁会不愿意谈论自己喜欢的事情呢？然后我遇到了萝丝，她故意隐藏了她的激情。父母经常抱怨孩子像是陌生人一样。他们当然会像陌生人了。如果他们不了解你的工作，他们又怎么会了解你呢？你都没有和他们分享你的全部，那么他们又为何要和你分享他们的全部呢？

彼得的例子让我们看到了一种完全不同的对话方式。他的母亲是一名房地产开发商，他对母亲所取得的成就的自豪感是显而易见的。此外，每个寒暑假，他都会和母亲一起工作。“她一定很喜欢自己的工作。”我说。

“当然了。”他说。事实上，彼得很容易看出母亲对于工作的喜爱。彼得和我从来没有讨论过激情对于事业成功的重要性。他已经知道了。我们的对话纯粹是关于实现目标的策略的，而不是目标本身。

谈论你工作的重要性并不仅仅适用于关心你的孩子，还适用于所有你生命中重要的人。克雷格是一名精算师，他喜欢他的工作仅仅是因为它报酬很高，“有点儿意思”。不幸的是，随着时间的推移，工作变得越来越没有意思。因此，他白天忍受着自己在小隔间里的生活，晚上喝上一两杯来放松身心，周末时他参加聚会，喝得更多。他的妻子对于他这样喝酒有点儿担心，但是其他的一切似乎都还好。

然后有一天他回到了家中，告诉他的妻子他辞职了。在 24 小时内，家庭的收入一下子降了六成。“你是被辞退了吗？”她问。

“不是。”那就意味着不会有遣散费。

“那你打算怎么办？”她尽可能地控制着自己惊慌失措的情绪问道。

他说他不知道，但是他会在这个夏天搞清楚的。

克雷格家有一只猫、一条狗、一个孩子，还有一栋有巨额贷款的大房子。克雷格这一辞职，把整个家都搞乱了。他的妻子并不知道他原来如此不满，因为他从来没有和她谈过他的工作。

幸运的是，克雷格的妻子是一个圣人，她在克雷格摸索前进的路上一直给他支持。但是克雷格本来不该冒这么大的风险的，是不可靠的好运气刚好拯救了他。

另一对夫妇，丽萨和德里克，就是一对更好的榜样。他们都很讨厌自己的工作，并且经常向对方抱怨自己的工作。换句话说，他们彼此交谈。然后丽萨告诉德里克停止抱怨，开始接受不同的培训，她来负责照顾他们俩的生活。德里克照做了，现在他有了一份自己喜欢的工作。而丽萨现在重返校园——轮到她了。这就是讨论你的工作所能做到的事。

让我们再回来看看萝丝的情况。当她怀疑她的孩子们不想听她谈论自己的工作时，我告诉她，我经常被学生和年轻的校友们团团围住，他们不断地想和我讨论职业生涯的事情。他们渴望了解他们能做些什么。我告诉他们别人做了什么，他们听得很专心。我与他们分享陌生人的生活，因为在很多情况下，他们的家人并不会分享他们自己的故事。

萝丝终于相信了我的话。在和全家人一起共进晚餐时，她没有在餐桌上问孩子们“你们今天在学校做了什么”这样平淡的问题，而是描述了她一天的工作。让萝丝感到惊讶的是，他们似乎都在倾听。她计划尽可能地增加这种对话的频率。

不管你是否喜欢自己的工作，你都要和别人聊一聊，这显然是将你的工作和个人生活整合起来的第一步。

与你爱的人一起工作

与你爱的人谈论你的工作固然很重要，但那也只是整合生活与工作的关键一步的准备工作——要与家人一起工作。你可以想说多少话，就说多少话，但是要记住，把人们团结在一起的基础是曾经完成的任务，而不是说过的话。祖父母、儿子、孙子一起种植并收获作物；家人和邻居一起建造谷仓；商人一家就住在他们工作的商店里；父亲及其兄弟在爷爷的锯木厂里工作。之前一直是这样，直到最近为止。然后，渐渐地，大家都跑到城里去了。

现代家庭都完成哪种任务呢？各种任务。剧作家的孩子贡献了流行词汇和当代的形象。多萝西和她的女儿设计商店的布局。泰勒为他父亲的报告搜索数据。马丁向妻子介绍她雇主将来的主要供应商。安西娅更新母亲的数据库，将其带入 21 世纪。嘉文帮助他的朋友实现一项创新。吉尔帮助丈夫平衡收支，而她的丈夫帮助她销售她老板的产品。里奥帮助妹妹为她的公司找到融资。查尔斯给他母亲的商业案例做出评判。内利在孩子面前排练她的演讲。吉姆帮助儿子准备大学考试。辛西娅向儿子展示如何与一屋子的陌生人打交道。有时候这些事涉及金钱往来，有时候不涉及。一件事往往会接着另一件事。孩子帮助父母，兄弟帮助姐妹，朋友帮助朋友，配偶帮助配偶。这难道有什么不好吗？

亚瑟是一位热爱投资的退休教师。他喜欢钱，但是他真正热爱的是能够显示出他比其他投资者更加聪明的挑战。亚瑟是个沉默寡言的人，他与成年子女的关系就是那种酷酷的爱与尊重。孩子们经常来看望他和他的老伴儿，但主要是来看望他们的母亲。但是他的孙子们改变了这一切。某天，亚瑟问他 10 岁和 12 岁的两个孙子想不想学习如何投资。他们说想，因为不然的话可能又要过一个无聊的下午。他们第一天就上钩了，并且从此再没有回头。此后，他们不再是被拽到祖父母那里，而是自己主动要去。他们很少待在家里，而是跑去祖父的书房里七嘴八舌地聊上几个小时。当这位老先生去世的时候，他的孙子们已经二十多岁了，他们严肃的脸上充满了忧伤。他们不是在缅怀一位扔球给他们、带他们去迪士尼世界的慈爱老人，而是在哀悼他们的伙伴、导师和老师，那个让他们为自己的生命旅程做好了准备的圣人。他们失去了自己的一部分，但同时带上了他的一部分一起前行。

另一个证明工作的力量可以将家庭凝聚在一起的例子也以葬礼的形式出现。三个十几岁的女孩在听到她们祖父的悼词时看起来十分淡漠，但是当听到祖父的许多工作技能时，眼泪顺着三个人的脸庞流了下来。她们想起了和祖父一起制作的东西，那些玩具屋还有夏季度假屋。家庭的建造者已经不在了，她们通过他制作的东西来缅怀他。

或许你认为在一本关于通向成功的事业的书中评论两场葬礼很压抑，但我想不出比这更合适的例子了。请记住，通向成功的事业意味着在它的最后以及在你生命的尽头，你留下了你的印记，留下了可以为你留名的作品。

你想更加亲密地认识你爱的人，或是可能会爱上的人吗？与他们聊天或是聚会可以让你们有所发展，并且许多人确实也就走到这儿。但是如果你与某人一起工作，你会真正地了解他们是怎样的人：他们喜欢什么，他们不喜欢什么；他们擅长什么，他们不擅长什么；什么是真的，什么是假的。

这就是那些热爱自己工作的人是怎样拥有通向成功的事业、了不起的家庭和非凡的人际关系的。他们的工作和生活被整合在了一起，互为因果，强化了可以持久的纽带。

尖锐的问题，诚实的答案

1. 你是不是在以对亲密家庭生活的渴望为理由或是借口，不去追求通向成功的事业？

2. 你在支配时间方面有自律性可言吗？你如何才能变得更加自律呢？

3. 你会和家人谈及你的工作吗？

4. 你会让家人参与你的工作吗？

第11章 有价值的努力

西德尼是我的一个学生，聪慧且有魅力，她的专业是人力资源管理。她获得了奖学金，在学习方面表现出色，并且热爱人力资源管理的一切。她经常和我谈起培养、部署和奖励人才的挑战是多么让她着迷。我很容易想象出她会成为一个组织的强大的贡献者。然而，有一天，她问了我一个完全令我困惑的问题。

“我正在面试一个定量分析师的工作，”她说，“你觉得我如何才能利用我的学业来获得最大优势？”

我问她自从我们上次会面以来，她是否已经失去了对人力资源管理的激情，突然对金融行业产生了热情。

“不是的，”她解释说，“只是我想……考虑其他的选择。”由于我希望人们考虑很多的替代方案，所以她的答案本来是很好的，但是她紧接着又说：“我很擅长数学。”

你一定也注意到了吧，她没有说什么？她并没有说她对一系列优雅的方程式要如何预测未来感到好奇。（数量分析专家说起他们的激情时往往会那么说。）她并没有说她想探索她的兴趣，看看它是否也有资格成为一种可选择的激情。

“西德尼，我有些不明白，”我说，“你能和我说说，你是怎么发现这个新的就业方向的吗？”

“我相信这会是一项有趣的工作。”她说着，耸了耸肩。这也就意味着她并不确定她会对它感兴趣，因为她从没有涉足过那方面的工作。

当我继续追问时，她终于随口说出了一个可怕的真相——一个每当像西德尼那样的学生开始不按常理出牌时我都会怀疑的真相。“一个朋友告诉我，精英分析师可以赚很多钱。”她坦承说。

很显然，她作为人力资源专业人士的收入相形见绌了。所以，既然她擅长数学，当大把大把的钞票在召唤的时候，为什么要在激情上浪费时间呢？只需一段简单的对话，她就可以得出结论：与那些服务于对冲基金亿万富豪的定量分析师相比，人力资源专业人士的薪水难以维持基本生活。她忽视了能力与卓越之间的差异，完全无视了那些在会阅读之前就热爱数学的人的激情带给他们的优势。她可以做数学，而她的竞争对手则是在用数学思考。闻着空气中金钱的味道，她已经完全听不进我所说的话了。

现在的情况是，如果西德尼进入人力资源行业，她很显然不会被饿死。但是有许多人因为认为他们的激情所在的领域没有钱，就放弃了对激情的追求；还有许多人因为（错误地）认为某个领域赚钱多转而追求其他的东西。因此，在本章中，让我们来讨论一下房间里镀金的大象。让我们来好好分析一下我们对赚钱的事业和不赚钱的事业的假设，这样“我想追求我的激情，但是我会被饿死”这样的话就将不再能成为一个借口。

钱很重要

西德尼是自己说服自己放弃激情去追求金钱的。但是在很多情况下，我的学生们是迫于父母的压力而放弃了他们的梦想。如果这话听起来有点儿刺耳，那么对不起，但是事情真的是这样。我们都希望我们的孩子能好好发展，生活富足。钱真的很重要，经济上的安全感也很重要，但是关于如何获得金钱和安全感的建议通常是完全错误的。例如，想象一下一位家长去咨询职业顾问，问他精算师和会计师的起薪有什么差别。

“两个工作的薪酬都不错。”顾问回答。

“但是到底有什么差别呢？”家长坚持问道，进而解释说，“我的孩子会选收入更高的那份工作。”这讨论中的孩子在哪里呢？这重要吗？很显然他会按照他被告知的那样去做。这种对话一直在以类似的方式上演。

然后，一名高中生柔和的声音响了起来，这名高中生申请了计算机科学专业，但还没有收到录取通知。“我被拒绝了吗？我应该发去更多的信息吗？我真的，真的想这么做。”她补充说。她每天都打电话，总是带着那种几近乞求的语气。有一两次，可以在背景中听到另外一个声音。然后突然地，申请者用一种近乎平静的语调问道：“我只有一个问题——计算机科学从业人员究竟是做什么的啊？”很显然，她的家长已经离开了房间。

这种过度参与和压力究竟来自哪里？只有了解它的根源，我们才能找答案。问题是我们的社会往往对收入有一种非常矛盾的看法。大多数人的收入都能达到“平均水平”，他们一边担心自己的收入可能会下降到一个较低的水平，一边又想知道为什么他们的收入不比别人高。这种双重的担心虽不奇怪却也不适当。不过所有焦虑都会产生一项很高的成本：无法再认真思考。

所以让我们来认真思考一下。

让我们来仔细地、批判性地审视三类工作。第一类工作是镀金工作，就像吸引西德尼的那种。这些工作看起来很安稳，薪水很高。不过，我们将拆解这一类别，让它外面的镀金消失，这样你就可以看到里面是什么了。只有这样，你才能有效地质疑你父母或是你同龄人的那种引导你走向看似成功的事业的一厢情愿的想法。随着镀金工作露出它的真面目，你也会逐渐看清那些所谓的“危险”选项……也许并不那么危险。

这就把我们带向了第二类工作，那种让父母害怕得发抖的工作。这些工作包括演员、艺术家、运动员和宇航员等——尽管它们也可以包括任何上层工作。这些可怕的工作好像很难得到，但是成功的好处是很惊人的。这种类别的工作占据了本章最主要的篇幅，因为我最想剥离的就是这些工作所激发的那种恐惧。

最后，还有一类没有明确就业前景的工作。这都是些稀奇古怪的工作，如果你告诉别人你对这类工作感兴趣，他们往往会哈哈大笑。如果你把这类工作做好，会使人们为此着迷。这种工作就是让人们相信一切都有可能。

镀金工作（高收入/一定数量的就业机会）

你也许在想，如果一份职业能让你获得高收入并能提供一定数量的就业机会，那教授还会有什么意见呢？

这个问题嘛，首先，请不要假设我对这种工作有什么意见。收入相对高的领域，如金融和技术，确实往往有相当数量的就业机会。尽管就业的竞争还是很激烈，但是能参与竞争的人数量有限，因为这种职业对教育的要求相当严格。这些领域可能确实有很大的需求，或是因为这些工作被认为没有吸引力从而造成新进入者数量有限，例如一些技术行业。其中一些工作的报酬非常高。

我刚刚听到一群学生和急切的家长军团集体松了一口气。对不起，你们应该继续屏住呼吸。我并没有说通向成功的事业俯拾即是，或者你忘记了高收入只是通向成功的事业的标准之一？

事实上，这些高收入领域中的一些工作可能是通向成功的事业，也可能不是。那么，其中的许多工作到底有什么问题呢？

狭窄的范围 + 波动性 = 灾难

在高端科技和金融行业，需求旺盛的工作覆盖面相对较窄。并不是每个工程师都有好几个工作机会等着他选择，也并不是金融领域的每一项工作都备受欢迎或是薪酬特别高。不要想当然地认为你拿到了 MBA（工商管理硕士）学位就可以在麦肯锡获得一份咨询工作。

不过，围绕科技和金融世界的炒作仍然吸引了许多人，他们不必要地限制了自己对难以捉摸的好工作甚至更加罕见的通向成功的事业的寻找，然后他们向我抱怨说他们找不到自己的激情。

他们有太多的事情都没有考虑。例如，由于许多这种工作都是建立在范围非常狭窄的专业知识基础上的，当某个人在他们的工作中获得成长时，他的能力实际上变得范围更窄了，并且换工作的灵活性也变小了。擅长次级抵押贷款证券化的金融从业人员是一位受人尊敬的专家。但是，当市场重心被外汇交易的远期对冲所取代时，会发生什么呢？到那个时候，他又将如何使用他的专业知识呢？

如果你知道你的雇主和其他类似雇主在你的一生中都会需要你范围狭窄的专业化知识，那么这种狭隘的关注是可以容忍的。但是你并不知道，你也无法知道。

我的学生杰克逊确信他可以给这个问题提供答案。他是一个技术达人，从来没有一种技术潮流是他不热衷的。他用的是被他很高兴地称为“灵活就业”的方法。他先是专门开发企业管理软件，当这一行的巅峰过去之后，他转移到了电子商务领域。当电子商务成了平凡事物时，他又转向了云计算。他总是先挣几年高工资，然后当他的收入不再上涨时，他就着手下一件大事。他为自己的“现代”职业生涯感到自豪。当所有人、所有事都蜂拥到“云”上时，杰克逊又冲向数据挖掘，而在那儿他的计划土崩瓦解了。

在进入数据挖掘的就业市场时，他没有任何贯穿之前职业生涯的专业知识，而只有他适应性良好的记录。然后他就碰上了一批学数学的毕业生，他们正陶醉在数据挖掘的所有奥秘之中。他们的新知识使得杰克逊相形见绌，面试他的那个人比他年纪还小。杰克逊才 33 岁就突然变成了明日黄花。那个学生时代每次都是蹦蹦跳跳地走进我办公室的人，现在谈起话来几乎有些忧郁了。

这些特别高调的、引领潮流的行业，其潜在挑战是高度的波动性。金融市场的一次震荡可以在不到一年内让成千上万人再次回归就业市场，正如 2008 年的金融危机那样。一项新的技术也可以在数月内破坏整个行业的稳定性。因此，尽管这些行业的许多职位都在雇佣关系和收入方面有不错的前景，但是除非你能够经受住这些干扰，最理想的状态是由你来主导这些干扰，否则这些行业的职业发展潜力并不大。总之，杰克逊的方式注定要失败。即使自身就处在快速变化之中，杰克逊也仍然忘记了考虑这一点。我们大多数人不喜欢快速变化的后果，但是试图忽视变化并没有什么帮助。

不断工作的生活方式

这些镀金行业因为惩罚式的超长工作时间而臭名昭著。人们对这个野蛮制度的反应有所不同。有些人有一种 14 岁男孩的男子汉气概，陶醉在这些要求中。（“我不吃饭，不睡觉，没有生活，我就写代码。”）其他人幸福地向我吹嘘，在他们绝佳的工作中，有很棒的免费食物、淋浴、按摩、桌上足球、周五啤酒派对和干洗服务。

当然，公司也会提供很多福利，用来证明雇主对你的重视程度……而这产生了一个完全意外的效果，就是让你在办公室待到深夜。（为什么要离开？这里有你需要的一切！这样一来，办公室就像是“加州旅馆”，有点儿让人不舒服，不是吗？）我记得有一个年轻人用他的签约奖金买了一辆跑车。后来，当我问他开新跑车的感觉如何时，他说他每个周末都会去停车场看一看他的跑车——他根本没有时间开那辆跑车。

为什么这些受过良好教育的人能够忍受这么长的工作时长？答案很简单。无论是有意还是无意，科技和金融领域的工作者正在扮演着类似拉斯维加斯赌场里的乡巴佬角色。只有少数知名企业的极少数年轻人获得了非正常的财务收益，甚至变得富有。这往往是因为他们是上市公司的早期员工，或者是他们为之工作且有部分股份的公司被一家大公司收购了。或者在金融业，有些人会获得超过年薪的奖金。换句话说，他们一夜暴富，并且从此名声在外。

正如拉斯维加斯赌场里的赢家受到公众广泛关注的效果一样：对于不会赢得巨额奖金的大批玩家，这相当于给了他们承诺，以便尽可能长时间地将他们留在桌子上或机器前。老虎机或是计算机，区别有多大呢？不停地交易，你也会获得巨额奖金；不停地编码，你的股票期权也会让你买一架私人飞机。

尽管这些镀金工作仅仅适用于少数几个人，但是它们创造了一种强大的标准，这让包括西德尼在内的每个人都按照这个标准去设定自己。无论多么反常，它都已经成了大家渴望追求的目标。你可以放心，如果你得到奖品，你的朋友们将对你在金钱上取得的成功感到敬畏。忘掉长时间的工作吧，闪电可能会击中你。正如每个赌徒都发誓的那样，如果你不玩，你怎么可能赢呢？

可怕的工作（高收入 / 有风险的就业机会）

凯莉想成为一名小说家，她将所有的空闲时间都用来构思故事的人物和情节了，但是她的闲暇时间不多，因为她是一所小学院的学术顾问，写作并不是她的主业。她经常在想，她是否应该辞职，用一年的时间全身心地投入写作之中，看看会发生什么。或许她会有所突破，成为下一个 J.K. 罗琳。她的另一个选择是把每年一两周的假期都用来写作，但她认为这样可能需要 10 年才能取得一点进展。她觉得辞职是唯一可以取得有意义的进展的方式。凯莉是“我会追求我的激情……但是我会饿死”的典型例子。不，你不会的，凯莉。如果你有一个计划。

我们稍后再回来讨论凯莉的问题，让我们先当一会儿经济学家，分解一下这种工作，看看它是什么、为什么是这样的。那些工作收入高而就业前景不佳的原因可能是下面两个中的一个。第一个原因是，新入行者的数量非常之多，远远超过了新的就业岗位的数量。美国国家橄榄球联盟中的每一张最终名单，背后都有成千上万认真努力过但是没能入选的人。每一本被出版社接受的小说，背后都有成千上万份被拒掉的书稿。每一个被导演挑出的镜头，背后都有成千上万个被放弃的镜头。虽然有些人的确成功了，并且取得了巨大的成功，但是对于在这个领域的大多数人来说，这项工作的平均收入很低且不稳定。

这些职业从表面上看遥不可及的第二个原因是，空缺职位的数量非常之少，少到即便只有很少的应聘者，也还是会有人不可避免地失业。如果你想成为一名天体物理学家或是海洋科学家，你可能要等上好几年才会有人退休，空出一个工作岗位来。

尽管这些障碍非常现实，它们也没有抹杀可怕的工作的存在可能性。在凯莉的例子中，她的选择其实比她所看到的要多。她担心仅仅利用假期来写作不能让她成为她想要的样子，但是她也没有计划如何更好地利用这些休息时间，让她更快、更有效地朝着目标迈进。

举例来说，凯莉可以采用设定临时目标的办法：在文学杂志上发表一个短小的故事、赢得一个奖励、获得一笔报酬，或是找到一份付费的写作工作，即使她并没有在写小说。是的，在短时间内，她应该将这些活动与她大学的工作相结合，目的是为她作家的职业生涯做好准备，以便当她准备好的时候，放弃今天的工作，并转移到她的激情上去。

我不认为如果不用一整年全职写作的话，就得兼职写上 10 年。没有计划地用一年来全职写作就像一场豪赌，有可能行，也有可能不行。许多搞艺术的人多年以来全职工作，却没有真正成功。他们中的大多数人只是在掷骰子，并且相信运气带给他们的命运。

有价值的努力

制订计划并不能保证成功，但能保证进行过了适当的努力。

科林从小时候起，就想成为一名职业足球运动员。他积极进取，天天锻炼，参加训练，接受有偿的专业指导，并取得了业余选手的排名。

但是不管他多么努力，他都没能得到专业球队的录取通知。而对于足球这项运动而言，他的年龄开始偏大了。科林觉得很快就到该放弃这种特殊激情的时候了。在尝试了所有可能的选择之后，他是对的。事实上，科林的行为可以说是一种典范：他坚定、有耐心，并积极探索各种替代途径。但是，只是持续地追求一个认真考虑过的目标，并不意味着你最终一定能成功。我们并不是总能够从此快乐地生活下去。那么问题是，科林这么努力地追求他的足球事业是正确的事情吗？

那些觉得他们拥有真正激情的人面对的实际选择是什么呢？太多的时候，好像你要么坚决坚持到底，直到你筋疲力尽，要么你在开始之前就得选择放弃。

“不要放弃，你至少得试试啊！”

你觉得我会那么说吗？那么你错了。我见过太多试图进入拥挤领域的注定要失败的人，我不只是在说运动员而已。对于那些几乎肯定会失败的人，我会说：“不要浪费你的时间。”

我会说：“不要进入一个已经很拥挤的领域，除非你做好了准备——真正地做好了准备——以尽量减少这一领域对你的竞争压力。如果你只接受这个领域是拥挤的这个事实，然后做好了尝试的准备，那么你陷入极度失望的可能性将非常高。”正如我之前所说的，尝试并付出努力是每个人的战略，但是事实是，你需要做得更好。

科林了解这一点。他知道他需要将自己与大众区分开来，而不仅仅是比别人好那么一点点。他确定了成功足球运动员的几个关键特质，然后毫不奇怪地发现，他们每个人都有自己独特的强项，都有一些技能是他们自己可以做到，而其他大多数球员做不到的。有些球员更敏捷，有些则速度更快，有些球员可以同时看到一系列的动作，还有些球员似乎比别的球员本人更了解他们接下来要做什么。

科林想在自己身上寻找这种特征，并且努力训练自己的特长，那种罕见的竞争优势。他这么做是对的，我鼓励他去尝试也是对的。他绝不是注定要失败的。但是作为一名运动员，人体的脆弱只留给了他非常有限的时间去获得成功。他虽败犹荣，因为他的努力是经过了深思熟虑的。不幸的是，同样的话不适用于那些没有任何实际成功希望却去尝试的人。

艺术家板块

科林在竭尽所能地试图获得成功，而卡洛琳在刚开始时面对的最大敌人却是她自己。她是一名视觉艺术家，她本不需要获得国际知名度，但是她确实想通过做她喜欢的工作而过上体面的生活。在她认识的许许多多艺术家中，就几乎没有单靠艺术活下来的，其中一个靠卖房地产来支付租金。许多从事戏剧和艺术行业的人都面临类似的情况。在某些情况下，他们哀叹收入的低下是世界退化的证据，但是在另外一些情况下，他们又为艺术牺牲。

当卡洛琳征求我的意见时，我从如何改进她作品的营销开始谈起。我问她，她艺术的独特之处，她的优势，她给艺术界带来了什么新的价值。她确实有一个很好的答案，她相信错视画作品被严重低估了。她想用这种技术探索当代世界的形象。我评论说这有相当大的可能性。

她看起来很担心的样子。“如果我创作可销售的作品，”她说，“我担心会危及我的艺术品质。”

“哦？”我问道，“这是为什么呢？”

“附近有一家画廊，”她解释说，“是一家很棒的画廊，他们出售艺术品，却设置了一个两周内可以退货的窗口。”看到我困惑不解的表情，她继续说，“可以退货的窗口啊，就好像艺术品是一条牛仔裤一样。画廊表示，那是为了防止买家发现新买的作品与房间的装饰冲突。可我是个艺术家呀，”她坚持说，“又不是室内装潢师。”

我将诚实看得非常重，大家也都应该如此。在最后一章中，我会提议大家都忠实于自己，所以我认真考虑了卡洛琳的话，因此也得以与她交流更多。“艺术品质是否意味着你不在意其他人的想法？”我的问题的潜在含义是：她对品质的看法是不是仅仅是认为自己是宇宙的中心？

卡洛琳不想这么说，但是她并没有想过那种情况下的诚实。如果她想以自己的激情为生，那她就需要在别人愿意购买她作品的情况下认识自己。对于艺术和表演世界的人而言，这是一个激进的想法。

卡洛琳进行了深刻的反思，过了一段时间，她又回来找我。“好吧，教授，”她说，“我想营销计划应该也不会过于玷污我的名声。”

卡洛琳刚实施了她的计划，她作品的销量就开始迅速上升，价格也飞速上涨。她为赚钱又做了多少妥协呢？她缩小了作品的尺寸，以确保它们适合潜在买主的家庭！

接下来我们再来看看莱斯特，他决心成为一名演员。我问他他的计划是什么。

“我是不会气馁的，”他说，“我会努力，再努力。”

“这是一个性格特点——很好的性格特点，但这不是一个计划。”我纠正他说。

“我还有一个清单，教授，上面列了我可以尝试去试镜的所有角色。”

“清单也不是计划，莱斯特。那个清单上有优先事项吗？你有对那些可能性进行分类整理吗？你要如何在每一部作品中发挥你的表演优势呢？”

“我什么都能演，”他说，“我不挑。”但是我再次强调清单并不是计划。

“我是一个艺术家，”他说，“艺术家不需要计划。我只需要坚持下去，只要——”他停了下来，我扬起眉毛看了看他。

“运气？”我试着帮他把话说完。

他低下了头，并没有承认，因为他知道我会吼他。但是他还是关上了门。

我从没能说服莱斯特去制订一份真正的职业规划。即使他知道出演一个 30 秒的商业广告的微不足道的角色竞争有多么激烈，他还是意识不到竞争越是激烈，计划就越应该激进。尽管职业规划在大多数领域并不普遍，但是创意或艺术领域的人们似乎对职业规划尤其充满敌意。就这一点而言，莱斯特和卡洛琳也是如此。

然而，这也意味着，在这些艺术和创意工作中，成功的可能性并不像看起来的那么高。由于许多在这些领域追求事业的人正在犯下像莱斯特这样的错误，他们的失败几乎已经注定，所以那些精心策划的人有明显的优势。我曾有幸一次又一次地见证许多有才华的男女进入竞争对手很多、就业机会很少的领域，他们都在创造和艺术领域的各个岗位上取得了成功，从摄影师到电影制作人，从作家到制片人，从解说员到演员，从电影评论家到动画艺术家。他们所有人都尽可能地减少错误，制订有效的计划，并且积极地实施了计划。

积极创意

现在，让我们回过头来看看科林的情况，你都快要被悬念折磨死了对不对？职业足球事业对科林来说行不通了，但是他有一个备用计划——一种可以替代的激情，而不仅仅是一个默认的赚钱的职业。（你知道我为什么喜欢科林了吧？）他想成为一名古生物学家，并且已经参加了预备课程来深入研究这件令他着迷的事。

不幸的是，他的研究告诉他，这将是一个漫长的学习过程，他最终需要拿到博士学位，并且大多数的工作职位都在学术机构中。虽然该领域的学生并不多，但是工作也不多。因此，他要想成功，必须得足够好，而在他投入大量时间之前，他也不知道自己够不够好。他已经判断出他没有好到成为一名职业的足球运动员，如果又是这样的结果呢？

在进一步讨论古生物学之前，我问他是否还有其他浓厚的兴趣。“我喜欢看云。我可以看上一整天，”他回答说，“不过别让我成为一名气象学家，我讨厌天气。”（我发现当你对某件事有强烈的看法时，人们往往会告诉你下一步要说什么。）

如果科林觉得世界是来报复他的，那也可以理解。事实证明，科林受到职业前景不佳的两个方面的折磨：对于足球，申请人数众多；对于古生物学，就业机会太少。

“如果你要得到古生物学的一个稀缺工作，”我说，“你必须得非常优秀才行，那么你的计划是什么？”

“努力工作？”他提议说，“或许，嗯，也许不是……”他补充说，因为他看到我不太高兴。

“或许你应该增加一点儿创造力。”我建议说。

“目前我最主要的问题是获得研究生院的学位。这与创意方式有什么关系？”

“这与学位无关，”我解释说（我相信我已经很有耐心了），“而是与你学位的市场化有关。你接受教育应该有两个目的：培养你作为古生物学家的能力，让你获得工作机会。仅仅是有能力，或是被认证为有能力，是不会让你得到工作的，一个几乎没有空缺职位的领域尤其如此。”

我们又进行了一段时间的头脑风暴，我提醒他，任何权威认证的研究生学位，都要求一项必要的研究。

“所以我应该在那儿发挥我的创造力？”他问。

我耸了耸肩：“有些研究生的研究仅仅是学生锻炼他们技能的一种方式，所以并不会预期有什么重要的发现。其结果是，学生们失去了争取竞争优势的一个有价值的工具。”

“所以我应该尝试创造性地解决一个研究问题？”科林问道。

“没错，你可以尝试，”我指出，“但是更重要的是，你应该具有战略性的创意。”

科林几乎目不转睛地瞪着我，脸上流露出学生典型的“就告诉我答案吧”的那种表情。但是我是一名教授，我的工作不是回答问题，而是让我的学生更聪明，也让我的读者更聪明。

“既然你的领域工作机会很少，”我说，“那么找出古生物学中最大、最重要的问题是什么，然后集中精力进行研究难道不是个好主意吗？对于那些进行最大型的古生物展览的博物馆，你难道不应该搞清楚他们正在研究的重要问题是什么吗？你的大部分竞争对手，你的同学都和你一样没有想到这一点，那么这就是你的优势所在。”

“但是这项工作需要的时间不是比拿到学位更长吗？”

“是的，但是我以为你有职业道德。”

“好吧，你说对了。”科林说。看到他笑了，我松了一口气。“但是如果我选择了一个棘手的问题，也许我解决不了。”

“是的，是有这个风险。但是如果你发现了一个真正重要的问题，或是一个实际的问题，对一个明智的学校而言，仅凭这一点就够录取你的了。但是，”我承认说，“这的确是极具创造性的。创造性地发现和打磨一个重要的问题，然后创造性地解决你能解决的部分，就足以使你从同龄人中脱颖而出。这比你想象的要容易，因为大多数人连试都没有试一下。这就意味着成功的门槛降低了，从而触手可及。”

“如果我伸手去够的话。”科林说。

确实如此。

稀奇古怪的工作（没有就业前景）

科林正在进入一个工作相对较少的领域，但是想象一下，如果你有一种不适合任何明确职业的激情，你要怎么办呢？换句话说，这个世界已经明确告诉你，它不会为你的爱好买单，那你要怎么办呢？放弃这种激情，寻找另外一种？也许。但是在这样做之前，你应该试着看看能否说服这个世界你可以提供足够多的价值，值得它付费。当然，如果你没有根据一个深思熟虑的计划去做出这个论断，那你最好换个激情，因为成功的希望非常渺茫。

然而，我也见证过人们把最不可能就业的激情变成赚钱的事业。我认识一个人，走到哪里都会留下他的涂鸦。现在他的事业是设计企业标志。那些成功经营旧手机零件销售业务的人呢？（也许碰巧有一个翻新旧电话的大市场。谁知道呢？那些着迷于古老技术的历史和优雅的人知道，他们就是知道。）

巴尔托什是我以前的一名学生，他现在是加拿大世界级滑雪胜地惠斯勒黑梳山一所滑雪学校的总经理。他写道："在我决定上你的'经济学 101'课程时，我已经在滑铁卢大学学习了近三年的工程学。简而言之，我放弃了工程学的学习，在所有的事情中追求了我的激情——滑雪。我仍然需要一个学位，在尝试了三个学期之后，他们接受我进入了娱乐系。好了，其他的我就不再跟你絮叨了，但是……我有一项通向成功的事业！"

米兰达喜欢针织，并且对设计很有眼光。你觉得她会做什么？你认为她会编织那种婴儿鞋，在当地的跳蚤市场卖给那些城市里的母亲，赚取一双不到 4 块钱的收入吗？没有计划的人可能会那么做，以弥补小小爱好的部分成本。但是如果你有一份真正的激情，你做事井井有条并且思考周到，那你可能会采取完全不同的方法。

事实上，米兰达并不是当地跳蚤市场的常客。她启动了一个规模覆盖整个北美的项目，包括在工作坊上演讲、教学，出版图文并茂的针织书籍。买她那些书和参加她那些工作坊的都是谁呢？是那些和她拥有同样激情的人。

我们可以从中获得两点启发。如果你想靠一种不同寻常的活动谋生，那你就需要与那些分享你激情的人相互交流，无论是针织、滑雪还是旧手机。或者你可以找到一些愿意每十年购买一次你服务的人，就像标志设计师一样。人们不需要一个在编的标志艺术家，但是他们会为服务买单。找到足够多的这样的人，你就拥有了一项业务。

这就带来了第二点启示。这些机会中的大多数是被“创造”出来的，是创业。这很难称得上是新想法：如果没人雇用你，你就雇用你自己。激情先来了，然后你“包装”激情，让它为世界所用。请记住，包装有很多种。如果你的激情与职业无关，那你就需要考虑你是否做好了成为创业者的准备。如果你没有，那就得寻找另外一种激情。

灵活性的优点

让我最后再分享两个关于人们追求“冒险”激情的故事。乔想成为一名演员，他学会了自律和灵活。他有一个详细的计划，但是他也乐于接受不同类型的工作。结果是他能从更加广阔的视角来看待他的激情——让他痴迷的不仅仅是表演，而是整个娱乐业。因此，从舞台经理到制片人，再到经纪人，他从事并热爱着各种不同的角色。

还有达克达的故事。她是一家大型私营公司的管理人员，对一家服务于老年人的非营利组织的协调员这一工作有点兴趣。但是她不愿意申请这个工作，因为它的报酬要远低于她现在的工作，她不知道她是否能够做到收支平衡。她对这个问题的思考与本章中提到过的许多人一样，比如认为她只能在甲和乙之间选择的凯莉，再比如认为自己必须在销量和销售高雅艺术之间做出选择的卡洛琳。问题从来不是这么简单。不论是职业道路、职位、形势还是雇主，都从来不只有一个。达克达需要找到一种方法，利用她的才华服务于老人，同时也让她过上她所热爱的生活——或许可以考虑一份游说的工作，或是一个政府的职位。关键是，从来都不是只有一个工作。

最后，除非你能够控制你对经济利益的欲望和误解，否则你将永远处于劣势。如果你一直在尽可能多挣钱的这种贪婪和担心自己一无所有的恐惧中挣扎，那么你的心理机制就会失去控制。当然你会想要一笔可观的收入，但是你不能让金钱的诱惑扰乱或是蒙蔽你。

尖锐的问题，诚实的答案

1. 你对金钱和事业有什么假设？

2. 你有什么战略性的创意，来保证你的财务状况允许你追求通向成功的事业？

3. 对于你将如何在你的领域工作，你真的是开放的、灵活的吗？

第12章 不畏惧，不逃避

本章并不是旨在消除你生命中的恐惧，因为即便我想，我也做不到——那不现实。此外，恐惧对我来说太有用了，我也不想消除。让我来陈述一个显而易见的事实：我们不想生活在一个无所畏惧的世界里。无所畏惧的人会发动战争；无所畏惧的企业家会破产，浪费大量的时间和财富；无所畏惧的孩子骑车不戴头盔。所以我不想让你我无所畏惧。恐惧是好事，恐惧保护我们，但是我们绝不能让恐惧麻痹了我们。

我认为恐惧应该永远受到最大限度的尊重，而不是像烦人的害虫一样被驱赶。不管承认与否，每个人都曾在某时某刻感到过害怕，而且他们通常有害怕的理由——这个世界有太多可怕的东西。我们有合理的理由担心我们的家庭、我们的健康和我们的经济福利。另外，还存在一些困扰着我们的不必要的幻影。诀窍在于弄清楚哪些威胁是真实的，哪些不是。

塞巴斯蒂安被各方面的恐惧所困扰。当我们见面时，他在学业和事业两方面挣扎。他在不同的职业选择之间左右为难，因为他可以想出很多理由来证明每一种选择都可能以灾难结束。其中一个选择——酒店管理——似乎是一个真正的激情候选项，但是他拒绝认真思考，去了解它是不是真正的激情，因为他被恐惧吓坏了。我请他告诉我他为什么害怕执行行动计划。

“我就是这样的啊。”塞巴斯蒂安立即回答道。然后他又加了一句：“别跟我说要勇敢，我身上可没那个基因。”

但是我也没打算告诉他任何这样的事。或许你们认为我应该那么说？

事实是，恐惧是不可能如此轻易地被消除的。如果说几句话就管用，我们就会生活在勇士之邦了。我还能拍拍他的背说“塞巴斯蒂安，我的孩子，勇敢点儿，你能做到的”，就好像是把他当作一个孩子，哄他进游泳池的深水区一样。或者更糟的是，这意味着我认为他很弱，或者真的缺乏勇气，那将是非常无礼的。所以我并没有告诉塞巴斯蒂安要勇敢，但是我确实告诉了他，我认为他的某些假设是错误的。那样可以减少对话的冲突，但是也因为真实而更加有力。

我请塞巴斯蒂安试着去理解他的恐惧。只有当你更好地了解恐惧时，你才能采取第一步行动去管理它。当你能够管理自己的恐惧时，你就可以采取你本来没有考虑过的行动。这不是勇敢，这是理性。

在本章中，我们将讨论一些驱动恐惧的最常见问题。我相信你会看到识别和检查你自己恐惧的方法，以及你可以用来向前推进的策略。

对浪费时间的恐惧

“塞巴斯蒂安，”我开始问他，“如果你接受了酒店管理方面的教育，然后发现它并不适合你，你会怎样呢？”

“我可能浪费了太多时间——至少一两年。”他闷闷不乐地说。

“那整段时间都被浪费了吗？”我问，“你难道不会学到什么有用的东西吗？”

“这个嘛，也许我会学到一些东西。”

“你会学到什么呢？”

“我可能会了解一些金融方面的事情。”他说。

“没有别的了吗？”我追问道。

正如你所看到的，这是一个非常缓慢的过程，我需要一步一步地引导他反思并且认识到他可能会学到的各种技能。我们的对话这样继续了一段时间，然后塞巴斯蒂安抓住了要点。

“我要学会如何让客人开心，并且愿意再次回来。”他说。

“没错，”我说，“那些知识还能再应用到别的什么领域吗？”现在塞巴斯蒂安看到了各种可能性，因为他的大脑已经跳过了障碍，进入了高速运转模式。他的恐惧使得他没法专心思考，而我反过来又分散了他对恐惧的注意力。现在他能够认识到，在酒店管理中学习到的如何在苛刻的酒店环境中满足客户需求的知识，可以高度适用于从保险到旅游再到零售等各种服务行业。

即便塞巴斯蒂安最终觉得酒店管理并不适合他，在这样的学习过程中，他也将学会重要的易于转换的工作技能，他还将获得一些金融、营销和人事管理方面的知识。所有能够进行有效教学的酒店管理项目都会包含一些社交活动，所以塞巴斯蒂安还将能够通过建立个人人际关系网络来增加他潜在的灵活性。塞巴斯蒂安已经知道这个网络的规模会提高他的就业能力。

换句话说，当他仔细审视自己具体的恐惧——浪费宝贵的时间——时，他发现这远没有他随便假设的那么浪费时间。事实上，危险要远远低于他所想象的。虽然在我们两人进行了不少对话后他才明白这一点，但是塞巴斯蒂安已经看到酒店管理课程如何能够真正地帮助他成功。不确定性仍然存在，但是这只关于成功的程度，而不是危险的强度。塞巴斯蒂安采取了行动，报名入学。他还紧张吗？他仍然紧张，是的，但是他正在管理恐惧，并且向前迈进。

对于浪费时间的恐惧无处不在。塞巴斯蒂安认真对待这个威胁也是对的。毕竟，你只有这么几十年的生命，一年的时间一旦浪费，便一去不复返了。

“教授，”当我说起一些类似这样的戏剧性的话时，我的学生们总会反对说，“你这样说只能让情况更糟啊！我已经非常害怕了！”

但是这个讨论的全部要点就是要理解你的恐惧，必须以事实为基础，并且充分考虑事实。否则，如果你从不直面你的恐惧，那你将永远不知道你的一生中本可能会有些什么成就。

那些有正当理由不想浪费时间的人需要尽自己所能地节省时间。以奥菲利亚为例。她决心努力成为一名时装设计师，但是她知道这是有风险的，所以她投入尽可能短的时间去尝试，这样的话，即使她失败了，她损失的时间也是最少的。在有经验的专业人士的指导下，奥菲利亚找到了最有效的方法来测试她设计的时装的可销售性。比如说，在互联网上建立自己的网站并不是最有效的方法，那样，她需要数年才能获得突破，或是衡量她是否具备必要的才能。相反，她需要从精品店的战略采购人员那里得到反馈，因此，她建立了一个团队，并且获得了关键的引介来完成这项工作。结果证明她的测试是成功的。但是即使她失败了，她也会从经验中吸取教训，并且用的是最短的时间。总之，效率是美丽的东西，它会帮助我们对抗对浪费时间的恐惧。

对错失机会的恐惧

还有一种方法可以减少浪费时间的威胁，同时也可以减轻对错失机会的恐惧。用陈词滥调来说，就是力争一石二鸟。更加具体地说，就是让你的每一个行动都有多种用途。这有点儿像翻转过来的多任务处理——你可以在一次会议或者课堂上完成多少目标？请允许我解释一下。

温斯顿意识到他需要追求一种双重路线，因为他既热衷于财务分析，又热衷于高级电脑游戏设计。他现在在金融领域工作，但是他担心如果他一直这样，不追求游戏设计的话，他就永远不会知道他是否选择了两者中更好的一个。但是如果试图按照先后顺序去做这两件事，他又担心会花费太长时间。他对浪费时间的恐惧与他对错失最佳机会的恐惧融合在了一起。

“为什么不同时追求财务分析和游戏设计呢？”我问他。

“因为如果我不专注的话，我会把两个都搞砸的。”他说。

真的吗？你看，现在我已经非常擅长注意到别人的传统思维了，而这个说法很明显是传统思维。“所以这就是你要做的假设，”我说，“连想都不去想你有没有可能同时做两件事情？”

温斯顿并不认为自己是一个思维传统的人，所以我建议他至少制订一个计划，看看什么是可能的。我说，他必须找到能够同时向这两个目标推进的行动方法。这需要一些努力，但是当他认真而有创造性地思考之后，他面前出现了一整套全新的可能性。事实上，温斯顿成了“并行处理”事务的爱好者。例如，在一次社交活动中，他和不同的人讨论了他认为适合对方的兴趣。温斯顿还注意到有些人甚至对他的两个想法都感兴趣。当然，他准备了两套不同的简单的推销词。当他参加一个关于新金融工具的会议时，他在想如何将这些原则应用到游戏设计之中。当他参加他自己组织的游戏设计会议时，他又在想在与会者建议的策略中，是否有任何一项可以应用到金融工具的设计之中。当他沿着这种并行的道路前行时，他发现了越来越多的双管机会。他设想了一下他在游戏设计中可能扮演的角色，而这样的游戏设计确实可以将他的金融工具技能作为一项非常不错的资产。二者可以同时发挥作用，成为他的一个强大优势。

“你有发现其中哪一个更吸引你吗？”下一次见面的时候我问他。

“没有，”他说，“事实上，两者都比以前更有意思了。”同时做这两件事不仅更加高效，而且令人振奋，他解释说。“我觉得我大脑的所有气缸都在燃烧。”温斯顿还透露说，他现在明白了他应该害怕的真正危险：如果错误地选择了一条路，他就会错过同时走这两条路的机会。“那个想法真的吓坏了我，”他回顾说，“即便它其实并没有发生。”

我自己也是并行处理事务的积极践行者。例如，我对建筑学充满热情。如果我去另外一个城市参加一个与经济有关的活动，我会经常利用这个机会参观该城市的著名建筑。多年来，我阅读并学习了与建筑有关的经济难题，然后我意识到建筑学专业的学生并没有报名学习经济学课程，而建筑经济学对他们的职业发展至关重要。为此，我和建筑学院的院长进行了会面，我提议偶尔给他们上一门建筑经济学的课程，现在我已经上这门课很多年了。经济学、教学和建筑学融为一体。当然，并不是所有的职业领域都足够宽泛到可以引入这么多的其他学科，但是你可以看到它的潜力。

在我和温斯顿的例子中，并行处理提供了结合双重激情的机会。但是对其他人而言，并行处理证明某种选择比另一种选择更好。很好啊！这样他们就可以不带任何顾虑或者遗憾地继续前行了。他们把两种可能都试过了，并且亲身了解了哪个职业更加适合他们。

并行处理是一种具有挑战性的方法，需要规划和研究。但是它并不需要勇气或是战胜恐惧，它只需要决心。

对未知的恐惧

另外一种常见的恐惧往往难以描述，那就是对未知的恐惧。也就是说，你不知道你害怕它，因为你不知道你不知道什么——那本身就是一种恐惧。你被我搞糊涂了？且听我慢慢道来。

保拉是零售业的一名初级经理，她很讨厌这个职位，因此她研究了她认为可能会更加有趣的管理角色。项目管理看起来很有前途，并且有明确的教育方向和职业道路。但是，如果她做了所有的工作，最后却发现自己并不能胜任项目经理呢？

如果我们仔细分析的话，很显然，保拉是一个自信的年轻女人，她有很多合理的理由来说明她为什么可以成为一名优秀的项目经理。但是她仍然很害怕，并且她的这种恐惧正阻碍她前进。为什么会这样呢？

我们俩一起考虑了一些可能的障碍，但是似乎没有一个适用。比如说，她并不过分担心浪费时间或是错失机会。她似乎对自己的能力和学习潜力并不缺乏信心。即便她并不喜欢她现在的工作，她也依然能按时完成工作，而且成果令人满意。“为什么你会认为你不能完成你最喜欢的工作呢？”我追问她。

“我不知道啊！”她有些恼怒地说。她无法确定自己的恐惧——她只知道自己心怀恐惧，并且这种恐惧阻止了她采取行动。

该是玩大侦探的时候了。我们需要搞清楚一个项目经理的真正含义，看看我们能不能找出是哪个部分让保拉这么不舒服。

我让保拉一步一步地带领我完成一个典型的项目管理任务。

保拉很好地描述了这个过程，因为她提前做了功课。她只花了几分钟就向我展示了一个完整的项目是什么样子的。因为她只是在书本上读过有关项目经理的知识，所以她有些不自在，她并不了解这项工作的实际的、具体的操作，她的了解都是学术性的，而没有情感上的。还记得我们在第一部分讨论过的情感和逻辑的平衡吗？她的这两个方面并不平衡，所以她需要和做这项工作的人谈一谈。她需要听到一个喜欢项目管理的人告诉她他为什么要做这项工作。如果他说的话没有引起她的共鸣，那么保拉可能会意识到也许这对她而言并不是最好的选择。

一旦确认了保拉的恐惧，就会发现它是非常真实、有根据的。她对自己选择中的未知方面感到恐惧是正常的。好消息是，她可以解决这些问题，然后做出明智的选择，而不用背着恐惧这个沉重的影响着她的包袱。

这些年来，我发现特别多的学生是因为他们对某个职业的了解有限而焦虑，这让我感到惊讶。他们有理由感到害怕，但是他们往往并没有做任何事情来弥补这种缺陷。相反，他们把时间花在说服自己克服恐惧上。他们会说“我想成为一个冒险者”，或是“我得勇敢点儿，冒险尝试一下”。他们花了太多的时间去回应他们的感受，或是谈论他们的感受，却花了太少的时间去思考他们为什么会有这样的感受。

无论如何，要和你的感受保持联系，但是不要因它们分心或被它们困扰。

对抱负的恐惧

和保拉一样，特鲁迪也被一种她难以言说的恐惧困扰着。如果我能戴一会儿我那夏洛克·福尔摩斯的侦探帽子，我就会承认这个案子把我给难住了。特鲁迪极力强调她找到自己的激情，她喜欢当电工。她已经获得了资质，并且受到雇主的好评。但是她真的很想经营自己的分包公司。这个选择将结合她对电子技术的热爱和对管理企业的迷恋。但是特鲁迪无法说服自己启动这项事业。

“你是担心破产吗？”我问她。

“不是，”她说，“我最初的投资会比较少，如果创业失败，我还可以回到我现在的工作岗位上。”

“你确定吗？”我继续追问，“你不担心你得不到以前的工作吗？”

“不担心，”她自信地说，“凭我的经验，会有很多公司需要我。”

“那你是担心如果你失败了，你在家人或者朋友那里的声誉可能会受到负面影响吗？”

“绝对不是，”她说，“他们会觉得我很了不起，因为至少我尝试过。”

我想不出来其他的可能性了。“你是害怕对自己失望吗？”

她犹豫了一下。“也许吧。”她坦承说。但是她又想了一下，说：“不，也不是这个原因。”

也许你觉得特鲁迪是在否认，但是她的回答既清晰，又很有道理。不幸的是，这次关于创业失败的讨论并没有起到什么作用，并且似乎让她更加不太可能开展自己的事业了。

我记得她刚才说过如果她尝试过的话，她的家人和朋友会觉得她很厉害，那句话背后可能还有更深层的含义。她是不是害怕飞得离太阳太近，就像希腊神话中的人物伊卡洛斯那样？

“特鲁迪，”我说，“你认识个体创业者吗？我是说，你本人认识的？”

“仔细想想的话，不认识。怎么了？”

这句话终于让我明白了些什么。如果她不认识任何一个自己开公司的人，那确实会引起真正的恐惧，毕竟她没有任何榜样可以学习。这对任何人来说都是一个挑战。此外，她是一个在非传统领域工作的女性，如果在建筑分包行业创业的话，她面临的风险就更高了。如果她没有感到不安，那才奇怪呢！我想我可以给她做一个关于女性赋权的演讲来鼓励她，但是那只不过是用一种情绪来对抗另一种情绪——与告诉男人要男子汉些没有什么差异。正如你所看到的那样，那毫无意义。

相反，我提出了更有意义的建议。她的问题是她没有榜样，所以她应该去寻找一个，她应该跟其他的次级承包商老板谈谈。她真的这么做了，还遇到了好几个是家里第一个创业者的人，有一个人甚至很高兴担任她的导师。虽然他们中没有一个是女性，但是现在她看到了其他像她一样的人，他们和她有相似的背景。她的抱负看起来不再遥不可及。她开始创业。她仍然紧张，但是她已经击败了犹豫不决，击败了对抱负的恐惧。

对失败的恐惧

在我给我的学生诊断出的所有恐惧中，对失败的恐惧是最常见的。有时候，你会在你想象不到的人身上看到这种恐惧。

山姆在一个让他着迷的领域里获得了一个很棒的工作机会——微生物学。那份工作的位置甚至就在他想居住的城市。所以当他来看我，谈及这个工作机会的具体细节时，我以为我们的会面主要是庆祝性质的。但是随后，我们的讨论开始围绕着这个工作机会中的一些微不足道的问题绕圈，这时我便明白了，山姆是想找出点儿什么问题，这样他就可以坦然地拒绝这个机会了。

当我向山姆提出这种可能性时，山姆并没有否认。相反，他简单地说："我害怕我会搞砸。"

通过了解我才得知，他的未来雇主具有很高的知名度，这让山姆几近恐慌。客观地说，他没有理由担心，因为他是一名顶级学者，拥有与他的潜在雇主相关的经验，但是这样的客观推理并没有给他提供任何心理上的安慰。

我觉得要认真对待山姆的恐惧问题，所以我们开始试图弄清楚他为什么会害怕失败。我知道山姆来自一个关系亲密的家庭，他是家里的骄傲，并让家中充满欢乐的气氛。或许那就是他焦虑的根源。

“你是担心会让他们失望吗？”我问。

“当然。”他说。

“你家里的其他人拥有研究生学位吗？”

“没有，”他回答说，“没有人获得过任何学位。”

“你觉得这些事实可能与你不愿意接受那份优秀的工作有关吗？”我说，“或许为了消除任何让你家人失望的可能性，你想找一份要求不那么高的工作？”请注意，这跟那些业余的通俗心理学无关，这是关于职业选择和家庭环境的逻辑问题。我已经问过他们很多次了。

山姆并没有立即同意我的观点，但是他确实说他会考虑我的问题。

当我再次听到山姆的消息时，他告诉我他已经接受了那份工作。他指出，他做出这个选择的理由是，即便他的家人从始至终都不知道他有过这次工作机会，他也会因为没有接受这个工作机会而使他们失望。这听起来像是山姆转移他的恐惧的很简单的方式对吧？也许吧，但是根据我的经验，我发现有时一个简单的问题或是观察会引发一系列的思考，最终导向一个了不起的结果。山姆就是这样的一个例子。

罗克珊对于失败的恐惧更难诊断出来。当她来看我时，她拥有一份她热爱的工作——她是一位有天赋的设计师，背后有一长串各种成就的记录。但是她的事业停滞不前了，她最近的晋升申请没有得到批准，并且她最近的绩效考核评价也一般，与她过去的成就并不相符。罗克珊来找我时，把评价表也一起带来了。

她的上司给了她一个“可以接受”的评价，并且评论说她需要停止选择“低于”她能力水平的工作。罗克珊解释说，她的公司让设计师们选择公司要做的新项目。更有经验的设计师可以优先选择他们想做的项目，只要有可能，他们的选择都会得到满足。罗克珊的老板批评她，作为一名非常有经验的设计师，她总是选择最常规的新项目。她的选择意味着那些不怎么有经验的设计师得应对更具挑战性的项目。

“真的是这样吗？”我问，“你真的是那么做的吗？”

“是的，也许是吧。”她说。

“你为什么会选择更常规的项目呢？它们一定没那么有趣。”

她耸了耸肩：“我喜欢它们。”

但这种答案应该是从那些不怎么喜欢自己工作的人口中说出的。那些热爱自己工作的人往往会想要拓展和挑战自己。“你已经失去对设计的兴趣了吗，罗克珊？”

“不，绝对没有，”她说，“我比以前任何时候都对设计更感兴趣。”

“你可以解释一下吗？”我问她，“你为什么放弃那些要求更高的项目和挑战自己的机会？我不明白你的想法。”

犹豫了一下之后，罗克珊最终承认，她知道她总能把常规项目做成一项非常棒的设计——那些是她树立声誉的项目，它们相对更加安全。

罗克珊害怕失败，但是她的恐惧与山姆的又有所不同。她不担心她做不出好的设计，她是害怕她做不出一项绝妙的设计。作为一名年轻的雇员，她一直为在工作中取得的卓越成就而感到不安。但是她已经取得了成就，并且一路走来，她体会到了一种深刻的成就感。她不想离开自己的舒适区，不想将那种光荣的感觉置于危险之中。简言之，她已经成了自己成功的囚徒，并且这并不是一个容易逃脱的陷阱。

我问了她一个显而易见的问题。“你难道不能慢慢处理一些更加困难的项目吗？不要一下子全部接受，只是一点一点地去做呢？那样的话，你就可以逐渐积累你的声望，同时最大限度地减少风险。”

罗克珊看起来表情严肃。“我本来可以那么做的。我应该那么做。但是现在已经太晚了。有传言说，设计工作室正在进行‘合理化改革’，我觉得自己很快就会被解雇。我必须赶紧做一些事来保全我的工作。”

罗克珊处于一种非常典型的情况中：她试图避免直接的危险，却增加了她面临更大风险的可能性。她必须现在就直面那个更大的风险。

她觉得她需要选择应对雇主提出的最大的难题，并且希望做到最好，但是她似乎又很担心她的能力很可能已经受损。尽管如此，对她而言还是有一些好消息的。

“罗克珊，”我说，“让我问你一件事，你公司的其他设计师都有你这样的激情吗？”

“有一个有，我敢肯定，”她说，然后她想了一会儿，又继续说，“至于其他人嘛，只是一份工作而已，我想。”

“所以考虑一下：在设计部门，你真正的竞争者只有一个，只有一个加班工作的人能够表现得和你相当。”

罗克珊之前没有想到这一点。当她回去工作，去处理她能遇到的最困难的项目时，这一点给了她一些安慰，并且帮助她克服了对失败的恐惧。

后来我了解到罗克珊接手的那个困难项目进展得十分顺利，她也因此躲过了裁员。但是她首先应该承认这是一个她的工作岌岌可危的时刻，一个她本可以避免的时刻。她本应该早点儿问自己一个我们都必须问自己的问题：我是不是因为舒适区太舒适了而害怕挑战自己？我是不是害怕去冒失败的风险，尽管它可以带来真正的成长？

对财务困境的恐惧

即便制订了一项可靠的计划，即便设计了明确的职业发展战略结构，即便拥有榜样和一脑子的信息，对未知的恐惧还是会阻止你——尤其是在涉及财务问题时。

有趣的是，我发现这种对财务困境的恐惧不仅仅存在于那些想成为演员或者画家的人身上，甚至也存在于那些想要追求不错的薪水和相对稳定的职业的人身上。

让我们以产品开发人员为例，例如玩具设计师。他们不愿意接受小公司的工作，即便这项工作对他们来说激动人心。他们选择在一家更大的公司从事更为普通的工作。我一直在见证这种情况的发生。当我表示反对的时候（你知道的，我经常表示反对），典型的回应是：（1）“大公司更加安全”；或是（2）“大公司里报酬更高”。有时候我会同时得到这两种答复。

再次重申，我们必须攻击传统思维，因为这两个答案都是毫无根据的。大公司一直都在重组和裁员——仅仅根据它们存在了多年并不能推断出你将和它们一起存在多年。薪水之所以更高是因为你是用非常短浅的眼光来看的。

恐惧会干扰正常的理性思维，有时候需要一段时间才能确定焦虑的根源。以我的学生福斯特为例，他似乎坚信他将牺牲大部分的激情来最大化他的直接收入。福斯特是一名工程师。当我问他为什么要这样放弃自己的激情时，他很直白地说他害怕贫穷。

“贫穷与最大化你的收入之间有很大的差别。”我指出。换句话说，他无须仅仅因为要摆脱无家可归的命运，而接受那份他明知会让自己痛苦不堪的六位数收入的工作。

“是的，但是我离贫穷越远，就越是觉得安全，”他争辩说，这听起来似乎很有逻辑，“那样的话一旦出了什么问题，我还能有资源生存下去。”

和我所有的学生一样，福斯特也曾听我说起日益激烈的竞争迫使人们追求他们对于通向成功的事业的激情。他同意我所说的竞争日益激烈，但是他认为保护自己不受竞争压力残酷侵蚀的最好办法是尽可能多地积攒金钱。这并不是一个罕见的结论。这和我的观点背道而驰，但是你也许会欣然同意。

但是福斯特错了，原因很简单，他的论据只有在面对不久的将来时才是合乎逻辑的。如果他没有追求他在工程方面的激情，他就注定会成为一名商品工程师，很容易被外包，甚至被训练有素的技术人员取代。从长远来看，追求自己的激情，而不是即时的收入，才最能保证他的就业和赚钱能力。我提醒他，他应该已经听过这个说法。

福斯特的反应并不怎么好。“您这是在吓唬我呀。”他说。然后他又补充说道：“您不知道贫穷对一个移民家庭的孩子来说有多么可怕。”

然后他停了下来，变得非常安静。确实，他太聪明了，不会没注意到其实他已经因为两种互相排斥的失败而批评我了。我是在试图吓唬他，还是在尽量减少他对贫穷的恐惧呢？其实两者都没有。我只是试图让他理解他对财务困境的恐惧，以及他为什么正在走近它，而不是远离它。

“福斯特，”我最后说道，“听我说。我担心你未来 50 年的生活，虽然我可能活不了那么久去看到那些日子。而你呢，却只担心未来的一两年，虽然你明知道你肯定还会活超过 50 年。”

“好的，教授，”他说，“我会好好想想的。”

那就是我指望他能做的，指望你们做的——好好想想！我不知道福斯特最终做了什么，但是我希望他在感受到财务困境的恐惧时能够想起来我所说的话。当然，我也给他留下了许多可怕的警告故事以帮助我说明我的观点。我告诉了他关于约翰的故事，还记得第 1 章里的约翰吗？他拥有大房子，在一家不断发展的大型科技公司拥有一份安全并且看似稳定的工作。约翰对他的工作有些兴趣，但并没有真正的激情，所以当他作为一个朝九晚五的上班族被解雇时，他很吃惊。当然，他连续几年都干得不错，但是他长期的收入潜力受到了巨大的打击。还记得杰克吗？他也是在第 1 章里被提及的。他换了一个又一个的好工作，直到最后他决定追求他的旅行激情，成为一个分时度假的销售人员。也许你还记得，那时，只有那时，他才真正成功。在短期内你只能储存那么多东西，但是未来的希望之路还很长。你应该知道我写这本书不仅仅是为了你，还是为了你的子孙后代。战胜对财务困境的恐惧的最好办法，就是把眼光放长远。

对迷雾的恐惧

最难应对的恐惧是无法定义或者确定的那种。只有当你把一种泛泛的焦虑感逐渐定位到与其对应的具体原因时，你才能开始理解恐惧。你越是能准确地描述你的恐惧，它就越容易被理解。模糊的恐惧就像是迷雾，难以看穿，会使一切停止下来。答案似乎很简单，对吧？定义你的恐惧，只需点亮一盏灯。但是说起来容易做起来难。

基思遭遇了这个特殊的挑战。他确信他会喜欢当一名警察调查员。他在安全方面经验丰富，并接受过警察培训，但是他无法实战。我们一起讨论了许多可能导致他不愿意实战的原因：是因为担心他的人身安全吗？担心他的名声？还是担心他的工作效果？

这三者都是他担心的因素，但是都不是阻止他行动的原因。他是不是对那些做这件事的人了解得不够呢？不，也不是。他已经和警官们讨论过他们的工作，了解了很多信息。我们俩都陷入茫然。但是如果你排除了其他的一切原因，那么剩下的一定是答案。（出自夏洛克·福尔摩斯，你可能已经猜到我是福尔摩斯迷了吧。）如果基思不是因为一种特别的、明显的原因而恐惧，那么对于细微之事的担心加起来就是阻止他前行的力量。但是如何改变这种恐惧心理呢？答案很简单：我们可以用另外一种更强烈的恐惧来对抗基思的这种泛泛的恐惧。

更强烈的恐惧

正如你所看到的，当你了解恐惧的来源和性质时，你有几种有效的方式来应对它。但是如果其他的一切都失败了，还有一种方法几乎总能奏效。这不是其他方法的替代品，但是如果你需要请它出来，那就请吧！

基思面临的恐惧其实是两种。第一，他对于警察工作有一种普遍存在的恐惧。第二种恐惧是我给他看的。“如果你不干警察，”我说，“你将放弃最能发挥你才能的工作，以及它所带来的满足感。”基思不得不做出选择：他可以恐惧与警务工作直接相关的事，或者他可以恐惧因为没有追求自己的激情而失去的东西。他必须直面其中一种恐惧，而只有他本人才能确定哪一种恐惧更强烈。

除了给他看这两种选择之外，我并没有逼迫他，但是我很高兴地告诉大家，基思如今的确是一名警察，而我们的世界也因此更加安全。

可能会有许多种恐惧以组合的形式存在，就像基思遇到的情况一样。有些人必须权衡对立即失业的恐惧和对未来失业的恐惧；有些人面临着遭受较小的经济损失或是较大的经济损失的恐惧。有些人需要权衡对无法取得小成就的恐惧和对减少大成就的恐惧。在大多数情况下，我们自然会倾向于害怕即将面临的危险，而减少对未来危险的恐惧。但是在整个职业生涯的舞台上，未来不能够被忽视。这本书不是一本简单的关于找工作的书，而是一本关于你一生的幸福和满足的书。

这对我们所有人来说都应该是最大的恐惧：不能最大程度地发挥我们的才能。以我为例，我害怕我无法克服我的羞怯，害怕我没有充分发挥我的潜能，害怕我不能审时度势。但我认为一种恐惧战胜了其他恐惧。相比于害怕失败，我更加害怕我会把我的才能和精力浪费在第二好的选择上，所以我用那种恐惧来克服所有的障碍。

换句话说，可怕的是没有选择某条道路所带来的后果。如果没有走本应该走的路，那代价确实很惨痛。

以恐惧为借口……或者不是

正如我在本章开头所言，我认为恐惧应该受到极大的尊重，因为它通常是非常真实的。但是恐惧也很容易演变成借口。当恐惧的冲动产生时，审视它、理解它，并去探索克服它的方法。要抵制利用恐惧来逃避思考和行动的强烈诱惑。对恐惧的思考本身就会导致焦虑的产生，而行动需要努力，因此恐惧常常是避免这种焦虑进一步加剧的一个信手拈来的正当理由。一直以来，我看到人们在接受他们的恐惧时往往耸耸肩，说“我就是我”，就像塞巴斯蒂安试图做的那样，然后他们就撤退到明显更加安全的区域里了。

我们都应该无一例外地去努力定义和理解我们不可避免地会面对的恐惧。但是对许多人来说，我们的恐惧无法用逻辑、证据和思考来消除。这种情况下的恐惧源于复杂或未知的因素。一旦你发现恐惧使你衰弱而你自己又不能理解它，你就应该尽快寻求专业的帮助。有些恐惧是精神疾病的反映。如果你认为情况可能是这样的话，请立即寻求帮助，有很多种治疗方案可以选择。

我收到过来自世界各地的电子邮件，人们会用诸如麻痹、惊恐、害怕等词语向我描述他们的恐惧。恐惧是非常真实的，我永远不会对这些人说“坚强起来！克服它！”这样的话。要真正与你的敌人作战，使你的恐惧成为有用的资源，而不是使你衰弱的力量，你必须首先了解它。把恐惧放在一个适当的地方——一个会为你服务的地方，这是一个有效的方法。因此，请认真对待恐惧，并好好审视它。

尖锐的问题，诚实的答案

1. 你最害怕什么？或者你敢说你从来没有害怕过？

2. 当你审视你的恐惧时，会发生什么？

结　论

行动吧

在本书中，你已经阅读了许多关于其他人在失业中挣扎的故事。(如果你还有几个小时的空闲时间，我可以补充更多的故事。我有成百上千个现成的例子。)但是阅读和学习只能带你走到这儿，到了你必须采取行动的时候了。利用我在整本书中问过你的问题，你应该已经打磨好了自己需要采取的行动。即便你读完了最后一页，也不要停下来，还有很多事情要做，继续采取行动，继续不断前进。

这本书是关于才华的：如何发现它、培养它、使用它。没错，本书也谈及了事业和工作、社交和面试、创新和推销词。但是所有的这些都是为了更好地施展你的才华。读这本书的每个人都有才华。你的才华超越了技能和知识，超过了你的经验总和。你的才华将把你所了解的一切、做过的一切以及你能做的一切都调动起来，它最终将指向一个目的地：成就。由你的激情所驱动，你的才华将带来你关心的成就。而且，最重要的是，你的才华将自我激励，每一项成就都将比前一项更加耀眼。

我很清楚，许多人仍然觉得前面的话很空洞。但实际上，他们觉得，我们真正想要的就是一份薪酬较高的体面工作，周末才是我们享受生活的时候。但是多年以来，我成千上万的学生用他们的经历告诉了我一个截然不同的故事。大多数人不知道通向成功的事业是什么样子的，也完全不知道如何去实现它。但是一旦向他们展示了什么是可能的以及其他人都做了些什么，大多数人将重新考虑他们的选择，大多数人看到的选择范围比以前更广。这是令人鼓舞的——我本人就深受鼓舞，直到我一次又一次地看到接下来发生的事情。

他们中的许多人看到了通向成功事业的道路，但是他们犹豫了。回想起来，我想我本不应该感到惊讶。我们生活在一个不怎么鼓励追求通向成功的事业的世界里——除了空虚的言辞之外。家人和朋友往往很少提供实用的建议，他们只说一些空洞无物的安慰话：找个安全的工作，好好干，你的梦想就会成真。

可悲的是，这种小心谨慎的传统思维会让人麻痹。

对于那些犹豫不决的人，我看到他们避免追求成功事业的借口如雪崩般爆发。他们避免思考和努力，因此最简单的路径也就变成了唯一明显的道路：找到一份安全的工作。多么方便啊！

错过你真正的职业是很不幸的，因为你根本不知道有这样的选择存在。但是找到了能够取得巨大成就的路径却不去实施，那才是真正的悲剧。更糟糕的是，你将知道自己曾经这么做过，而那个“要是……就好了”的问题会终生困扰着你，让你不得安宁。

另外一个群体处于犹豫的另一端，他们被激情吸引，不顾其他的一切，没有经过任何认真的思考或是计划便匆忙投身其中。他们的冲动往往会带来破坏性的后果，而这种后果只会让那些不安的人更加小心，这样更多的才华就流失了。

因此，人类才华的基金由于每个人都没能充分发挥而不断受到侵蚀，我们每个人也因此变得更穷了。

我知道我在本书中推荐了一项具有挑战性的行动方案。我之前说过，通向成功的事业不仅仅是关于激情、教育、技能或是经验的。所有这些因素都是至关重要的，正如一项精心研究、精心设计的计划一样。它并不简单，肯定也不能很快完成。它可能会令人沮丧，有时候还需要返回前几个步骤。但是最重要的是，它是有效的，正如我之前的大批学生所告诉我的那样。

我知道我已经提议了一系列即使不令人窒息也可能令人感到恐惧的行动。我已经分析这项活动很长时间了，但是有时候我还是会对这个瞬息万变的世界中通向成功的事业的复杂性感到不知所措。减轻这种重担的一个安慰来源是最亲近的人的支持，而我的许多学生并不知道如何得到这种支持。当那些年轻人或者不怎么年轻的人试图去思考这些，并决定要不要或是如何采取行动时，他们经常会问我如何向家人或朋友解释他们做出的这个“惊人的”选择。有时候似乎他们也不确定如何向自己解释自己的选择。让我给你一些建议，告诉你该如何告诉你的家人、伙伴以及朋友你的职业选择。

我该告诉家人什么？

多年来，很多人与我分享了他们的职业生涯规划，这通常被囊括在他们的人生目标之中。他们说话时热情洋溢、口齿清晰。即使他们对自己的未来并不确定，也往往可以解释清楚不确定性的来源。有时候他们会围着他们想表达的想法绕圈子，这时我就不得不先让他们说一段时间。在其他情况下，我需要提问来了解事情的中心和本质。这些对话对我来说非常重要，对他们而言几乎是陌生人的我为能够分享他们梦想的秘密细节而备感荣幸。

不幸的是，他们经常告诉我，他们的父母坚决反对他们提出的职业道路。有时候学生会愤怒，而其他时候是悲伤。当然，如果他们来与我谈话，很有可能是因为他们觉得无法诚实地与家人沟通，所以他们经常并不怎么积极地谈及自己的家庭也就不足为怪了。如果有些父母听到他们的孩子与我分享没有与他们分享的秘密，他们一定会心碎。我知道如果这事儿发生在我身上，我也一定会如此。

因此，如果你是一位家长，如果你碰巧在瞄这本书，就像我在和孩子们谈话时他们的家长跑去偷听那样，我代表我教过的成千上万的孩子们请求你们：请你倾听。请让他们说完他们想说的话，用你的行动清楚地表示，倾听他们并不只是等着轮到你说话。记住你已经知道的事实：即便他们在 15 岁时做过什么愚蠢的、不成熟的事情，他们现在也已经长大了。你必须真正地尊重他们，否则你就不会得到尊重。不要被尊重的表象所误导，你们的一些孩子是很好的演员。

如果你是孩子，也不要认为你完美无瑕。通常你会告诉我你想要追求某种职业的详细原因，这些原因清楚地证明了你的成熟和细心。但是当我问你是否花了时间给家人详细地讲述你的计划，正如你告诉我的那样时，你往往会回答："没怎么说"，这也就意味着你根本没那么做。有些孩子还知道不好意思，面露尴尬之色。

别告诉我说你的家人不听。或许有的家人是不听，那就明确地要求他们听。与他们沟通啊！承认大多数时候，如果你父母让你做什么事，你其实总会说不。承认过去有很多次，你都不加争辩地行使你做自己想做的事情的权利。所以你不习惯展开一场有理有据的辩论，他们也不喜欢听你讲话。要接受你可能必须努力建立自己的信誉的事实。花点儿时间，做出点努力吧！如果努力失败了——这也是有可能的——那么你也知道至少你努力过了，那样错就不在你了。

不过，你也需要记住，对话是双向的交流。如果你的家人反对你说的话，你也要听听他们反对的理由。如果他们不解释他们的想法，那就要求他们解释。记住一个可能性：他们有可能是对的。在你打算追求的事业的某一方面，你可能是错的。如果是这样的话，你需要知道。要认识到这本书要求你采取许多步骤来成就通向成功的事业。在做功课时，你应该已经想好了一个有力的论据来证明你的选择是合理的。这是全部的目的：做出明智的决定，涵盖所有的问题。所以你应该提供你所需要的实质性内容来证明你计划的行动方案是合理的。

这场对话可能需要一些时间。你在讨论你的人生，所以这是一个严肃的问题。既然这是个严肃的问题，你就不应该在匆忙的早餐时间、洗衣服的闲聊结尾来和父母进行讨论，因为那个时候你的父母并没有集中精力。当然，这种分心的策略可能在你想要取消宵禁时发挥作用，但是事业计划不是儿戏。如果你想被倾听，被认真对待，你就必须得成长起来。因此，请确保你的职业对话在开展时没有时间限制或是嗡嗡作响的手机干扰。

如果你来自一个倡导谨慎、保守的职业选择的家庭，那么要意识到他们为什么会这么做。你的父母过去曾处于不利地位吗？还是他们过去经历了什么让他们害怕的事情，让他们仍然害怕，而他们不希望类似的事情发生在你的身上？尊重这种担心，试着去谈谈。不要让它成为对话中悬而未决的主题而导致对话跑偏。如果你是一个移民家庭的孩子，那么你的家人冒着很大的风险，才离开一个熟悉的地方到异国他乡安置，要认识到家人为你的利益而做出的牺牲。当然，你可以自由地指出他们自相矛盾的立场：他们不想让你冒险，而他们自己却冒过重大风险。如果你的父母正迫使你接手家族生意，要意识到这对父母来说意义重大，因为他们想看到自己的生意代代相传，繁荣昌盛。

让你的父母知道他们的牺牲和关心并没有被忽视。帮助他们理解他们养育了一个聪明的、思考周密的、勇敢的孩子。帮助他们接受你现在已经准备好为自己和自己的命运负责这个事实。请求他们给予你持续的爱和支持。

我充分理解为什么任何体贴的父母都只想要给孩子最好的，

在这里我再次告诉那些偷听的家长们：你希望你的孩子快乐、平安，你希望在你退出他们的人生舞台很久之后还是这样，但是你要认识到，如果你将一个已经过时的或是孩子不想要的职业选择强加给孩子，如果你坚持要求他们采取过去可行但是现在已经不可行的行动，你恰恰将使孩子置身于你想让他们避免的危险之中。他们不能只追求你选择的道路，而如今也不再是你早些年的日子了。要提防那些你和你的朋友们分享的但是你已经很多年没有审视过的传统观念。不要轻易假设你的孩子不忠于你，他们只是试图忠于自己。我希望你明白，如果你迫使孩子从事不适合他们的职业，那你对他们造成的伤害将远远超出你的想象。

请理解，学校的成绩并不会告诉你你的孩子适合什么，他们会在哪方面取得成功，或是什么会让他们幸福。我是那些计算这样的成绩的人之一，我很明确地了解，成绩不过是一个瞬时的数据而已，有时候准确，有时候不准确，有时候重要，有时候不重要。

在你的心中，你知道这是真的：当你的孩子在充分发挥他的才华时，他才最有可能是快乐的并取得成功。

我该告诉爱人什么？

有关职业的艰难对话也有可能发生在夫妻之间，它们通常是由一个想要在职业道路上做出重大改变的丈夫或妻子突然发起的，可能会涉及转学、晋升或是重返校园这些事情。或者在其他时候，丈夫或妻子无法继续容忍自己的工作，只是想要通过任何必要的手段逃离。

即便是在最好的情况下，职业变化也会引发混乱。与另一半谈论这个问题尤其让人焦虑，因为你们的生活交织在一起。你的选择可能会对你另一半的时间分配或是家庭财务产生不利影响。晋升可能意味着更大的工作量，也意味着你的伴侣将承受更大的压力去管理家庭生活的其他方面，包括照顾孩子。工作调动则可能意味着更长的通勤时间和减少的家庭时间，有时甚至会像搬去另外一个城市一样引发混乱。

如果你计划接受工作调动，给家庭带来混乱，而你这么做仅仅是为了获得更大的经济利益，那么你应该注意家庭会因此多出多少收入。当然，在那种情况下，你将不得不希望你的爱人更加重视钱，而不是幸福。当然，你也可能由于享受工作而接受晋升，那么在这种情况下，你得解释清楚为什么忍受它给你的家庭带来的干扰是值得的。

你可以从强调追求自己喜欢的事业或学业对你和家里的每个成员都很重要开始。重申你会出于同样的原因支持他们。明确说明为什么这个新职位与你成就通向成功的事业的目标是一致的。（如果你认真地这么做了，你可能会发现你现在的职业也同样令人满意。如果是那样的话，为什么要变动呢？）讨论你将如何与他 / 她一起减少这次晋升或调动带来的混乱。简而言之，明确要求对方的支持。你不能随便假设他们的支持会自己主动出现在那里。

除了给人们提供晋升方面的咨询建议之外，我还看到许多年纪大一些的人想要进行巨大的、有风险的转变，以找到或是得到他们热爱的工作。他们渴望做出这样的转变，是因为多年来，他们选择为了金钱、地位、安全或是魅力而工作，慢慢地，那些工作将他们磨得身心俱疲。那么现在怎么办呢？

你不希望这种关于职业变化的谈话突然发生在你和另一半之间，但是我一直在见证它们的发生。在这种情况下，无法继续忍受其工作的一方往往突然辞职，事先完全不和伴侣沟通。这可能是特别令人痛苦的，因为它导致家庭收入急剧下降，使另一个人独自承担大部分的经济压力，至少短期内是这样。

在这种情况下，没有什么话是完美的。但是首先，你应该为没有早点儿告诉你的爱人你已经无法忍受自己的工作了而道歉，解释它给你的健康或幸福感造成的影响。同时，做好详细解释你现在打算的准备。否则，你的举动看起来将很像是草率做出的。描述你想出来的为自己找到一个更加快乐的职位的计划。请求你的另一半为你们共同的计划提出建议。请求爱人多一些耐心，因为这种转变可能需要一些时间。

我该告诉朋友什么？

朋友在我们的生活中是非常有影响力的，我们永远不应忘记这一点。在某些情况下，他们的影响可以与家庭相媲美，甚至超过家庭。确实，成年子女与朋友在一起的时间可能要多于与家人在一起的时间。除非家庭的拉力非常强劲，年轻人很快就会被自己的同辈所吸引，融入一群缺乏经验但影响长远的朋友之中。此外，年轻人也是出了名的容易受流行文化及其规范的影响。我不止一次看到我的学生们处理和朋友的关系和处理家人的关系一样困难。

你不觉得是这样吗？可以设想一下，如果一群朋友中的某人得到了一家有实力的大公司的工作邀请，他却拒绝了，转而选择去上研究生院，或者说它对他没有吸引力，或是不符合他的职业目标，你觉得朋友们会是什么反应？“你疯了吗？”是最常见的回应。传统思维的力量在经常见面的朋友之间最为强大，在这种朋友圈中，从众的思想无处不在：去挣钱，去争取安全感，去争取权力。如果能再有点魅力的话就是额外奖励了。所以当你选择去追求通向成功的事业，而其中有些步骤对你的朋友们来说显然是“愚蠢的”时，你应该怎么和他们说呢？

解释你的决定和目标。不，你不是非解释不可，但是朋友对于未来挑战的支持不应该被忽视，并且他们的支持可以和你家人的支持一样有价值。对朋友的解释可以和你与家人分享的差不多，二者只有两点不同。第一，你可以比在大多数家庭中更加坚持自己的想法。第二，不要试图说服他们你是对的，而是要向他们解释他们为什么是错的。试着帮助他们理解他们的做法正使他们的事业处于危险之中。解释我们在竞争激烈的经济环境中的风险。这样的努力可能并不奏效，但去尝试总归是没错的。

这可能需要时间和实践。你可能并没有太多与家人和朋友讨论实质性问题的实践经验。（比赛的结果、电脑游戏的策略以及浪漫的遐想都不能算是严肃的谈话。）然而，这样的谈话会导出三种结果，让你看到你付出的努力是值得的。第一，你的朋友可能会同意你的观点，然后变更他们自己的职业规划。第二，他们可能会拒绝接受你的观点，然后你就可以发现他们观点中的所有缺陷。他们可能很容易忽视你的证据；在没有真正理由的情况下坚持自己的传统观念；不断重复某些论断，就好像重复可以揭示真理一样；有时，他们还会缺乏周密的思考。第三，你可能会发现自己正在努力解决他们的问题。你可能没有很好地解决他们的问题或是平复他们的担忧情绪，在这种情况下，你应该回去重新考虑一下你的决定。正如我在这本书中始终强调的，你必须非常谨慎地选择如何追求一项通向成功的事业。你可能会犯错误，那么与朋友进行激烈的争辩或许可以引导你远离危险，或是帮你确认自己的判断。

我该告诉自己什么?

向别人证明你的选择的正确性的最大好处是，你能充分理解自己的选择。既然你选择追随自己的激情，承担开创一项通向成功的事业的艰难工作，那你就是在与当代社会的潮流逆向而行。永远不要低估反向的力量，它会试图让你崩溃、让你分心，并拖延你。因此，你需要提醒自己你的目标是什么和实现这些目标的步骤。你当然需要向自己解释为什么你可以期待成功。既然你在追求一个激进的想法，你的头脑就必须反复地彻底思考这个想法，从各个角度对它进行探索和审视。从根本上说，你的头脑需要接受这个激进的选择。你想的越多，你就会越习惯这个选择。

你需要与自己进行一场全面的对话，以确认你的激情。提醒自己，你一刻也不能停止思考你的激情及其含义。与自己讨论所有相关的其他选择。审视所有的研究结果，以确保你掌握了准确的信息。检查你的计划。直面你的焦虑，甚至是恐惧。问问你自己你真正害怕的是什么。

提醒自己，无论你有没有意识到，你面前都摆着两项截然不同的选择。除非你采取上述步骤，否则你将飘向那条阻力更小的道路，在那里，你的部分或是全部才能将被浪费掉，而另外一条路则是通向成功事业的道路。没有中间道路可走。

既然成功的事业是你的目的地，你就应该时刻想着它的样子，感受到自己特别想去上班，感受到自己对自己的工作成果特别满意，为自己的创造而自豪。欣赏你对你所选择的世界的影响。想象一下你已经将自己的天赋发挥到了极致。想象一下未曾虚度的一生。想象一下。

致　谢

任何有价值的成就在获得他人的支持、借助他人的才能时都更容易实现。我非常感谢所有帮助我编写这本书的人。一直以来，我家人的支持和鼓励始终是无价之宝。我还要特别感谢我的文学经纪人卡莉·沃特斯，是她劝我说这是一个有价值的项目。我的两位编辑凯特·卡萨迪和里克·沃尔夫都提供了明智的建议，为我们的书增色不少。我还十分感谢那些同意我在书中引用他们的例子的人。最后，感谢我的合作者珍娜·兰迪·傅丽，她扮演了不可或缺的角色，帮助我以许多不同的方式表达这些信息。

附　录

准备你的规划

既然你已经对规划是怎么回事有了一个初步的印象，现在就是制订自己的规划的时候了。让我们看看我们在第二部分中分步介绍的内容。不过不要再想希瑟、特伦特、李嘉图、尤兰达、巴特或者其他任何人了，考虑你自己的前进方式。如果你的便笺、铅笔或是笔记本电脑还没有准备好，那我就得问了，为什么还不准备？

你的规划

第一步：确定目标

- 你的人生目标是什么？
- 你的事业目标是什么？
- 你的目标是否足够精确，还是不能明确？

第二步：分清轻重缓急

- 你的哪个目标对你而言是最重要的？
- 哪个目标是最不重要的？
- 有没有哪个目标是你可以推迟一段时间再实现的？（答案不分对错。）

第三步：找出具体障碍，实现目标

- 实现目标的真正障碍是什么？不要害怕它们，把它们列出来。

第四步：探索障碍；如有必要，修正目标

- 其他人是如何找到办法绕过障碍的？
- 你有哪个目标是可调整的吗？
- 你是否试图将你的激情融入传统工作的工作描述之中？
- 有没有办法可以加快一段耗时过长的进程？

第五步：确认、获得并提高你所需要的关键技能

- 你需要什么技能？
- 除了重返校园之外，你还可以做什么来获得技能？
- 你是否知道如何不断提高技能？

第六步：让团队就位

- 你的社交网络的范围是什么？
- 你的团队里都有谁？你如何利用你的团队？
- 你与团队成员有双向关系吗？

第七步：找到你的优势

- 你在做什么其他人没有做的事吗？
- 你能识别并解决一个重要的问题吗？
- 你可以使用其他人没有使用的工具或技术吗？

第八步：通过想法推销自己

- 你准备如何推销你的想法？
- 你的电梯推销词是什么？
- 你的第一段推销语是什么？
- 你的单页报告是什么？

第九步：执行与修改

- 你是否设定了检查标准的间隔时间？
- 如果你对计划进行修订，你是否确定它会使你更加接近你的首要目标？
- 你确定执行计划所需的时间是值得付出的吗？
- 你确定你的计划不会不必要地限制你的选择吗？